ゲーム
プランナー
入門

アイデア・企画書・
仕様書の技術から
就職まで

吉冨賢介 著

はじめに

　私は現在、専門学校でゲームクリエイターを目指す学生たち、とくにプランナー志望の学生を指導する教員を務めています。専門学校に転職するまでは19年間、ゲーム制作の仕事に携わり、プランナー、シナリオライター、ディレクター、プロデューサーとして、初代プレイステーションからスマートフォンのゲームまで、数多くのタイトルに関わってきました。ゲーム作りの現場はとんでもなく忙しかったり、多くのプレッシャーにさらされたりすることもありましたが、毎日が刺激的で「ものづくり」の楽しさを満喫できる素晴らしい職場でした。

　そんな楽しい現場を離れるのは心残りではあったのですが、40過ぎのおっさんがものづくりの現場に居座るよりも、一人でも多く若い世代を楽しいゲーム作りの現場に送り出すことの方がゲーム業界の発展に繋がるのではないか……という思いから専門学校の教員の道に足を踏み入れました。

　ですが、プランナーの教員となり、すぐに「企画って、どう教えればいいんだ？」という難問にぶつかりました。「そもそも自分はどうやって企画を考えるんだっけ？」「あの名作はどう企画されたんだろう」「アイデアを出すスキルを身に付けさせるにはどうしたらいいか？」……、忙しいゲーム作りの現場では考えることもなかったことですが、これらをゆっくり考察、整理する必要がありました。これらの考察を繰り返す中で、自分の中で納得のいく筋道ができ、それを順を追って授業として学生たちに展開していくことができるようになりました。

　逆に、学生へ指導する中で「ここは分かりづらいんだな」とか「ここでつまずきやすいんだな」など、「教えないといけない項目」に新たに気づかされることも多々ありました。そこを解決するために、また授業の内容を整理するということを日々繰り返し行うことで、授業の精度も少しずつ上がっているのではと感じます。

　この本では、そのようにして出来上がった**専門学校で実際に行っている授業をベースに、アイデアの出し方や企画書の書き方、さらには就職活動に至るまで、「プロのゲームプランナーになる」**を目標に、身に付けてほしい**基本的な考え方や知識を網羅**したつもりです。専門学校の学生はもちろん、高校生や大学生、ゲームを専門には学べない多くの若い方々にとって、厳しくも楽しいゲームプランナーへの道を開くきっかけとなる本となれば、これ以上嬉しいことはありません。

　それでは、ゲームプランナーへの道を共に踏み出しましょう！！

吉冨 賢介

目次 CONTENTS

はじめに ……………………………………………………………………………………… 002

CHAPTER 01 プランナーの仕事 …………………………………………… 011

01　ゲーム作りの職種 ……………………………………………………………… 012
　　》ゲーム制作のチーム ……………………………………………………………… 012
　　》プランナー＝将来のディレクター・プロデューサー候補 …………………… 013

02　ゲーム作りの流れとプランナーの役割 …………………………………… 015
　　》ゲーム制作のフェーズ …………………………………………………………… 015

03　考える・書く・伝える ……………………………………………………… 023
　　》プランナーの考える・書く・伝える …………………………………………… 023
　　COLUMN　いろんなタイプのプランナー ……………………………………… 027

04　プランナーに求められるスキル …………………………………………… 028
　　》スキルとポイント ………………………………………………………………… 028

CHAPTER 02 ゲームの「面白さ」 ………………………………………… 033

01　「ゲーム」って何だろう？ …………………………………………………… 034

02　達成感の作り方 ………………………………………………………………… 038
　　COLUMN　難易度の重要性 ……………………………………………………… 041

03　「ゲーム性」＝挑戦の種類 …………………………………………………… 042

04　各ゲームジャンルのゲーム性 ……………………………………………… 046
　　》アクションゲームのゲーム性 …………………………………………………… 046
　　》主要ジャンルのゲーム性を考える ……………………………………………… 047
　　》シューティングゲームのゲーム性 ……………………………………………… 048
　　》ロールプレイングゲームのゲーム性 …………………………………………… 049
　　》シミュレーションゲームのゲーム性 …………………………………………… 050
　　》アドベンチャーゲームのゲーム性 ……………………………………………… 051

05　能動的な挑戦にするために ………………………………………………… 053
　　》人が能動的に取り組むための条件 ……………………………………………… 053
　　COLUMN　評価に気を配るべきタイトル ……………………………………… 059

003

06	クライマックスを作る	060
	» 歯ごたえのある挑戦	060
	» 一時的なパワーアップ	061
	» ボーナスチャンス	062

07	プロのゲームを教科書に	065
	» プロのゲームに学ぶ	065
	»「常識」がアイデアを支える	066

CHAPTER 03 アイデアを探せ！ 069

01	企画・企画書とは	070
	» 企画の役割	070
	» プロデューサー的企画	071
	» アナリスト的企画	072
	» プランナー的企画	072
	COLUMN プランナー的企画の難しさ	073

02	アイデア→コンセプト	074

03	ゲームのアイデアとは？	077
	» アイデアとは何か？	077
	» 組み合わせる何か	079

04	アイデアはどこから来るか？	081
	» アイデアが生まれる瞬間	081
	» ひたすら考えた人にだけそれは訪れる	082
	»「ゲーム作る脳」の作り方	083

05	発想法を利用する	085
	» 常識を外すための発想法	085
	» オズボーンのチェックリスト	085
	» キーワード先行の発想法	086
	» 発想法の注意点	088

06	大喜利熟考法	090
	» 大喜利は「お題」が9割	090
	COLUMN 問題解決＝商品企画	094

07	アイデア出しのゴール	095
	» 個性を持っているか？	095
	» ゲームを想像できるか？	096
	» 実現可能か？	096

CHAPTER 04 ゲーム企画の具体化 … 099

- 01 「面白そう」を「面白い」に変える … 100
  - » ターゲットの考察 … 100
  - » ゲームジャンルの設定 … 101
  - » 対応ハードの選定 … 103
  - **COLUMN** プロの能力 … 104
- 02 ルールを考える … 105
  - » ゲームのルールを考える … 105
- 03 ゲームシステムを考える … 108
  - » 個性的なゲームルールからゲームシステムを考えるパターン … 108
  - » 個性的なシステムをルールでゲームにするパターン … 109
  - » システムが新しければ、ルールはありきたりでも新鮮に感じる … 110
  - **COLUMN** 上田文人氏のゲーム … 112
- 04 脳内（紙上）プレイと自分ダメ出し … 113
  - » 「作ってみないと分からない」はNG … 113
  - » 脳内（紙上）プレイで検証を … 113
  - » 脳内プレイの具体例 … 114
- 05 バリエーションを考える … 116
  - » 基本システムを膨らませる … 116
  - » バリエーションの具体例 … 117
- 06 クライマックスを考える … 119
  - » クライマックスも基本システムから考える … 119
  - » 歯ごたえのある「挑戦」 … 120
  - » 一時的なパワーアップ … 120
  - » ボーナスチャンス … 121
  - **COLUMN** レベルデザインの起承転結 … 122
- 07 評価と報酬が「達成感」を作る … 123
  - » 何を評価するのか？ … 124
  - » スコア … 124
  - » スコアランキング … 124
  - » タイム・回数（ターン数） … 125
  - » 死亡回数、ミスの回数 … 125
  - » 複合的な評価 … 125
  - » 達成ランク … 126
  - » 報酬 … 126
  - » ストーリーの進展 … 126

08	キャラクター、設定・物語	128
	» 先にゲームシステムがある場合	128
	» 先に世界設定やキャラクターがある場合	129
	» 世界設定・物語が中心となるゲーム	129
	» 物語とゲームの相乗効果	130
09	タイトルをつける	132
	» 名作のタイトルに学ぶ	132
	COLUMN その他の作中要素をタイトル名に冠する	135

CHAPTER 05 企画書で伝える ... 137

01	企画書の役割	138
	» 番外編：就職活動の企画書	140
	COLUMN 「伝える」手法	141
02	企画書を書く準備	142
	» パソコン	143
	» PowerPoint（Microsoft Office）	143
	» 画像収集・作図・編集	144
	» データ収集環境	145
	» 国語力・文章力	145
	» 面白い企画を思いついている	145
	COLUMN ちょっと心配な若者のパソコン離れ	146
03	「コンセプト」を伝える	147
	» コンセプト	147
	» コンセプトの実現性	148
	» コンセプトと関係の無いことを書かない	149
04	分かりやすく伝えるために	150
	» 「読み手」を想像する	150
	» 興味を持たせる	150
	» 分かりやすく伝える順番	151
05	企画書に書く項目① 表紙	153
	» 表紙	153
06	企画書に書く項目② 目次、基本情報	156
	» 2ページ目　目次	156
	» 3ページ目　基本情報	157
07	企画書に書く項目③ コンセプト	161
	» 4ページ目　コンセプト	161

08	企画書に書く項目④　ゲーム概要	164
	》5ページ目　ゲーム概要	164
	COLUMN　「コンセプトとゲーム概要」のレイヤー	166
09	企画書に書く項目⑤　画面イメージ	167
	》6ページ目　画面イメージ	167
10	企画書に書く項目⑥　遊び方、詳細説明	170
	》7-9ページ目　遊び方、（各項目の）詳細説明	170
11	企画書に書く項目⑦　世界観、操作方法、セールスポイント	175
	》10ページ目　世界観、物語、キャラクター	175
	》11ページ目　操作方法	176
	》12ページ目　セールスポイント	177
	COLUMN　MiBookの衝撃	178
12	企画書に書く項目⑧　その他の項目	179
	》ビジネスプラン・事業計画	179
	》ゲームフロー（ゲームサイクル）	182
13	伝わるきれいな企画書にする	184
	》フォント	184
	》レイアウト	186
	》絵や図を入れる	188
	》PDFで提出しよう！	189
	COLUMN　背景に絵を入れよう	190
14	企画書　セルフチェック	191
	》企画内容	191
	》原稿	192
	》画像、図	193
	》レイアウト、文字、デザイン	194
	》最後に	195

CHAPTER 06　仕様書、ゲームの設計図　　197

01	仕様書の役割	198
	》仕様とは	198
	》仕様書の代表的な役割	198
02	ゲームを構成する要素	201
	》ゲームを要素に分解する	201
	》機能に分解する	203
	》最初から完璧である必要は無い	204
	COLUMN　ゲームを要素分解する	205

03	仕様書の構成①	206
	» 基本情報	207
	» 目次	207
	» 更新履歴	208
	» 画面遷移フロー	208
04	仕様書の構成②	210
	» 各画面の仕様	210
	» 画面レイアウト	211
	» その画面で起こる全ての処理	212
	» リソースリスト	213
05	仕様書の構成③	215
	» ゲーム本体	215
	» プレイヤーキャラクターの仕様	216
	» 敵の仕様	218
	» 注意：プレイヤーを追いかける敵？	219
06	仕様書の構成④	221
	» ギミック・オブジェクトの仕様	221
	» アイテムの仕様	222
	» 得点の仕様	223
07	仕様検討、仕様書作成時の注意	225
	» 仕様を考える際の注意	225
	» 仕様書作成時の注意	227

CHAPTER 07 プランナーの様々な仕事 … 233

01	制作期間の仕事	234
	» レベルデザイン	234
	» データ作成	235
	» プレゼンテーション	235
	» スケジュール確認	236
	» 実装確認	236
	» その他	236
	COLUMN 本当は泥臭いゲームプランナーの話	237
02	制作末期・ゲーム完成後の仕事	238
	» バグチェック用資料作成	238
	» デバッグ作業	238
	» モニター調査・難度調整	239
	» プロモーション用資料作成	239
	» 運営	239

CHAPTER 08 プランナーの就職活動　　241

01　ゲーム会社の種類　　242
- 3つのビジネス形態　　242
- コンシューマ（家庭用・PC）・携帯アプリ・アーケードゲーム　　246
- まずは「業界」への就職を果たそう！　　248

02　就職活動の作品　　250
- 企画力・発想力・ゲームの構成力　　251
- 伝える能力　　251
- 論理的思考力・説得力　　252
- 国語力　　252
- 書類作成能力　　252
- ゲームに関する知識　　252
- プラスαの能力　　253
- ゲームに対する情熱　　253
- ポートフォリオにまとめる　　254
- **COLUMN** 就職活動で必要なもの　　255

03　就職活動の流れ①　卒業前年度　　256
- 例：2020年4月に就職する場合（2019年度卒）　　256
- ①就活年度の前年・夏（卒業の1.5年前）「までの」前準備　　257
- ②短期インターン実施期間　　258

04　就職活動の流れ②　卒業年度　　260
- ③広報開始時期は説明会に積極的に参加を　　260
- ④選考開始　　261
- ⑤夏休み以降（就活の後半戦）　　263
- ⑥10月以降　　264

Appendix　　265

- インタビュー①　　266
- インタビュー②　　272

- おわりに　　277
- 索引　　278

【本書をお読みになる前に】
本書に記載された内容は情報の提供のみを目的としています。したがって、本書を参考にした運用は必ずお客様自身の責任と判断のもとにおこなってください。これらの情報の運用の結果については、技術評論社および著者はいかなる責任も負いません。

本書籍中で記載しているゲームなどの製品に関する意見や解説の記述はいずれも著者自身の研究によるものです。
製品の開発元、発売元、販売元その他関係者の公式的な見解を示すものではありません。

【サポート情報】
本書のサポート情報は下記をご参照ください。

https://gihyo.jp/book/2019/978-4-297-10512-9

【商標・登録商標について】
「」、「PlayStation」、「プレイステーション」、「PS4」、「PS3」および「PS2」は株式会社ソニー・インタラクティブエンタテインメントの登録商標です。

ほか本書に登場する製品名などは、一般に各社の商標または登録商標です。本文中の ™、® マークは一部を除き明記しておりません。

CHAPTER 01

プランナーの仕事

　皆さんはゲームプランナーと聞いて、どんな仕事を思い浮かべるでしょうか？
　ゲームの中身のアイデアを考え、その一瞬のひらめきをプログラマーに指示をして作らせるカッコいい仕事……。なんとなくそんなイメージを持っていませんか？　プランナーは「アイデア出しが仕事」という側面ももちろんありますが、実際はもっと泥臭く地道な仕事がたくさんあります。
　最初の章では、ゲーム作りの大まかな流れを説明しつつ、その中でゲームプランナーが果たすべき役割を説明していきます。何となくの「憧れ」から、明確な将来への「目標」となるように、プランナーの仕事についてイメージを固めていきましょう。

01 ゲーム作りの職種

ゲーム制作のチーム

　初めに、ゲームを制作する「チーム」の構成について紹介します。ゲーム制作は、以下の6つの職種のスタッフで一つの「チーム」を作ります。このチームで一つの作品を作り上げていくのが一般的です。

●プロデューサー
　ゲーム制作のプロジェクトの総責任者。
　プロジェクトの立ち上げ、製作費・売上など、「ビジネス面」での責任を負う。

●ディレクター
　実際に制作作業をする「チーム」のトップ、言わば現場監督。
　ゲームの作品としての方向性、完成度、納期の責任者。

●プランナー
　ゲームの中身（仕様）を考え、他のスタッフに周知させる役目。
　パラメータやテキストなどデータ作成・調整の仕事もこなす。

●プログラマー
　プランナーが考えた「仕様」をプログラムで実装する役目。
　メインシステム、プレイヤー、敵、エフェクト、UI（ユーザーインターフェース＝メニュー画面やゲージなど）、サウンド、サーバー……、ゲームの複雑さに応じて担当する仕事も細分化されてきている。

●グラフィックデザイナー（グラフィッカー）
　ビジュアルのリソース（素材）の制作者。
　キャラクター、背景、モーション（動き）、エフェクト、デモ（物語パートなど、自動で進行する映像部分）、UI等々……。プログラム同様、作業内容によって仕事が細分化されているのが一般的。

●サウンドデザイナー（サウンド）
　サウンドのリソース制作者。
　BGM（バックグラウンドミュージック＝音楽）、SE（サウンドエフェクト＝効果音）、音声など、「音」の素材の制作者。

ゲーム制作は、これらの職種のメンバーが協力し作り上げていく「共同作業」です。チームを図で表すと下記のようになります。

図1　ゲーム開発のモデル

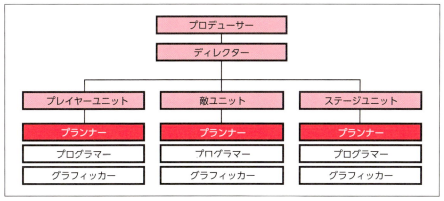

プロデューサーをトップに、現場監督であるディレクターが続き、その下にプランナー1名にプログラマー数名、グラフィックデザイナー数名で作られる「ユニット」が紐づいているイメージです。

このそれぞれのユニットで、例えば「プレイヤーキャラクターの制作」、一つの「ステージの制作」などなどゲーム内のある程度まとまった要素（パート）を作っていきます。各ユニットで作成する複数のパートをディレクターが統括管理し、全てを統合して一つのゲームとして仕上げていくと考えてください。

チームの規模は、小さいものだと全パートを数名で作ることもありますし、AAA[*1]と呼ばれる大作ゲームとなると100名を超えるチームで、多数のユニットで作っていくこともあります。

プランナー＝将来のディレクター・プロデューサー候補

プランナーは各ユニットの「取りまとめ役」となり、ディレクターの意図を担当パートに投影させる役割を担います。言うなればディレクターの分身であり、同時にパートの責任者でもあります。

プランナーはディレクターの仕事を間近に見ることが多く、また、他のメンバーの仕事にも理解を深めていく機会が多い職種です。日々の業務から自然とゲーム作りの全体像を学んでいけます。

こういった経験を積めることから、プランナーは将来的にチームを統括するディレクターやプロデューサーに昇格することが多いポジションです。ディレクターになれれば、自分自身が考え

[*1] トリプルエーと読みます。全世界で展開するような大規模タイトルを指します。

た自分の作りたいゲームを作れる機会が巡ってくる可能性が生まれます。

　プランナーになればすぐに自分の作りたいゲームが作れるわけではありませんが、プランナーになることがその近道であることは間違いありません。

　皆さんも、自分で作ってみたいゲームのイメージを持っていると思います。「いつかディレクターになって自分の企画でゲームを作ってやる！」という気持ちを大事に胸に抱き、まずはプランナーとしてゲーム業界に入り、一人前になることを目指しましょう。

まとめ

01 ゲームは、プロデューサー、ディレクター、プランナー、プログラマー、グラフィックデザイナー、サウンドデザイナーの6つの職種からなるチームで制作する。

02 プランナーは実制作を進める「ユニット」の取りまとめ役である。

03 自分の企画でゲームを作りたいなら、ディレクターへの近道であるプランナーを目指そう。

KEYWORD　ゲーム

　本書では、ゲームとは主にテレビゲーム、スマートフォンゲームなどのコンピューターゲーム・デジタルゲームを指します。

01-02 ゲーム作りの流れとプランナーの役割

プランナーの仕事を、ゲーム制作の具体的な流れに沿って少し詳しく見ていきましょう。「プランナーはユニットのまとめ役」と紹介しましたが、それはプロジェクトが軌道に乗った実制作期間の話です。ゲーム制作は実制作期間が最も長く、メインの仕事ではありますが、実際は制作のタイミングによって仕事内容が変わってきます。

ゲーム制作のフェーズ

ゲーム制作は、大きく分けて6つのフェーズに分かれます。

① 企画期間
② プリプロダクション期間（準備期間）
③ α版（小規模な実制作）期間
④ β版（量産体制の実制作）期間
⑤ 調整期間
⑥ デバッグ期間

オンライン対応のサービス継続型のゲームでは、さらに7つめのフェーズ、運営期間が続くことになります。プランナーの仕事はそれぞれの期間で変わってきます。

⑦ 運営期間

図2　ゲーム制作には様々なフェーズがある

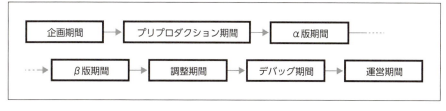

① 企画期間
…3-5名程度（プロデューサー、ディレクター、プランナー）

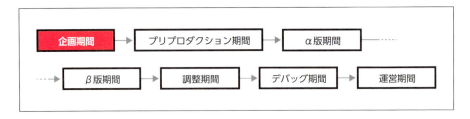

　企画期間は、ゲーム会社（の偉い人）にプロジェクトを承認してもらうための**企画書**作成と**制作計画**立案にかける期間です。

　企画書は、そのプロジェクトに関わる人全員が、制作の前の段階で商品のイメージを共有するための書類です。**制作計画**はそのゲームを作成するのにどれだけの予算と時間が必要になるかの計画書になります。

　会社はその企画書と制作計画で「儲かる・儲からない」を判断します。「よし、これは売れる！」となれば、プロジェクトが承認され、めでたく制作開始となるわけです。

　この期間はビジネスの責任者であるプロデューサーが主導します。プランナーはプロデューサーの指示のもと、ディレクターと相談し、企画書をまとめ上げていきます。時にはゲーム内容を上司に説明し、数千万〜数十億円規模のゲーム開発費を得るためのプレゼンテーションを任されることもあります。

② プリプロダクション期間（準備期間）
…5-15名程度（プログラマー、CGデザイナーが数名ずつ追加）

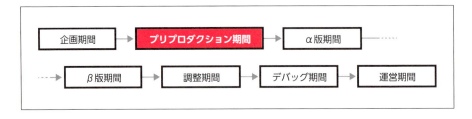

　プリプロダクション期間は、少人数のチームで本格的な制作の「準備」をする期間です。

　プロジェクトが承認されても、いきなり多人数で制作を始めるわけではありません。まだイメージとしての企画があるだけなので、多人数で実作業をするには、そのための準備が必要です。

　プログラマー、グラフィックデザイナーも合流し資料を整え、**仕様書**、**プロトタイプ**、**アートワーク（設定画）**を作成します。このような多人数での制作を始める準備をするのがプリプロダクション期間です。

仕様書はゲームの設計図です。画面の解像度はいくつか、プレイヤーキャラクターはどんなアクションをするか、どんな敵がいてどんな攻撃をしてきてダメージ値はどれだけかなど、とにかくゲーム内で起きる全てのことを記載します。

全てとは文字通り、ゲーム制作に必要な全てのことです。後に合流するプログラム、グラフィック、サウンドのスタッフが作成することを全て記載します。仕様書の作成はプランナーのメインの仕事になります。仕様書に基づいて他のスタッフは仕事を進めていくので極めて重要な仕事です。

プロトタイプは、企画書に書いたゲームの中身が面白いかどうか、あるいは制作を進めるうえでプログラム的な問題点などが無いかを確認するために、大規模な制作に入る前に作成する小規模な実験作品です。プログラマーが中心となって作成をしていきますが、企画意図に沿ったものを作ってもらうためにプランナーも主体的にかかわります。プランナーはプロトタイプ用の仕様書を作り、こまめにプログラマーに内容を説明するミーティングを開く必要があります。

アートワークはグラフィックの方向性をスタッフ全員で共有するためのイメージイラストや、キャラクターやステージの設定画などです。デザインの担当者が中心となって進めていく作業ですが、プランナーは企画意図とズレが無いようにデザイン担当者ともミーティングや、必要であれば資料を準備する必要があります。

③ α（アルファ）版（小規模な実制作）期間

…5-30名程度（制作スタッフをさらに追加、サウンドスタッフも参加、規模によりプランナーも追加招集）

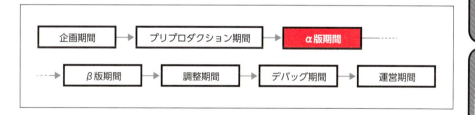

プリプロダクション期間で準備が整ったら、いよいよ本格的な制作期間となります。ただ、まだ全スタッフが合流するわけではありません。まず、最低限のユニットを組み、ゲームの全体像が分かる一部分だけ（例えば中盤の1ステージ）を「商品レベル」で完成させます。これを「α版」と言います。

α版は「プロトタイプ」と同じく、そのゲームが本当に面白いか、制作過程で問題になるようなことは無いか……といった問題点の洗い出しをするのが主旨ですが、α版で出来上がったものは実際に商品に組み込む前提で作られる点が、実験だけを目的としたプロトタイプと大きく違います。商品レベルに近い形で完成させることで、全体の作業工程が細かいところまでハッキリとし、大量生産となるβ版のスケジュールが組み立てやすくなります。また、ゲーム内容、ビジュ

アルの完成形が出来上がるので、その後の制作物のクオリティの基準にもなります。

　プランナーもα版の時点で、制作時の一通りの仕事を行います。コンパクトながらも商品レベルのものを完成させるために、プランナーはディレクターと意思疎通をした上で、細かいところまで仕様作成し、ステージの形状や敵やアイテムの配置などを行うレベルデザインや、各種パラメータの数値等のデータ作成、ゲーム中に表記されるテキストを作成し、各スタッフの制作物をチェックして、必要があれば仕様を考え直し、かつスケジュールをも意識しなければなりません。

　α版は、その出来がその後のプロジェクトを左右します。「こら、アカン」ということになれば、最悪の場合プロジェクト中止……ということにもなりえるものなので、α版を成功に導くことはとても重要です。取りまとめ役のディレクター、プランナーは特に責任が重大です。

④ β（ベータ）版（量産体制の実制作期間）
…10-100名程度（全スタッフを招集）

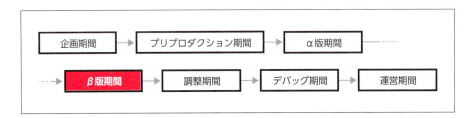

　α版が仕上がったら、いよいよスタッフを総動員し、量産体制に入ります。β版とは「仕様が全て入り、ゲームスタートからゲームクリアが可能なバージョン」のことを意味します。細かい不具合や、難易度の調整は後回しにして、とにかくゲーム開始からゲームクリアまでを作り上げます。

　β版作成時は、多くの場合、ユニット（プランナー1名、プログラマーとグラフィックデザイナーそれぞれ数名）を組み、それぞれの担当パートを仕上げていくという進め方が一般的です。期間的にもゲーム制作の大半をこのβ版作成に費やすことになり、数カ月から長ければ数年かかるプロジェクトもあります。

　各パートはアクションゲームで言うと以下のようなイメージです。

- プレイヤーパート
- 敵パート
- ボスパート
- 武器/アイテムパート
- ギミックパート
- ステージAパート
- ステージBパート
  ……

チームの規模によっては別々のパートを同じスタッフが掛け持ちすることもありますし、もっと細かく細分化されることもあります。

プランナーの仕事は担当パートによって異なりますが、仕様書作成と修正、レベルデザイン、各種のデータ作成、担当部分のディレクション、スケジュール管理などを行います。また、各パートの取りまとめ役となり、制作パートをディレクターの意図通りに仕上げていく責任者でもあります。

β版の制作はスタッフが増員されるタイミングで、プランナーも増員されることが多いです。経験が少ない新人プランナーはこの段階から合流することがほとんどです。

⑤ 調整期間
…調整、クオリティアップに必要なメンバーを残し、徐々にメンバーを減らす

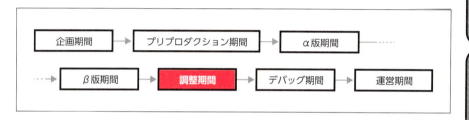

β版が完成したら、ゲームの難易度を調整します（デザイナーは見た目のブラッシュアップを行います）。

チームのメンバーはずっと同じゲームに関わっているので、ゲームプレイは上達しており、ゲームの進行やストーリーも全て把握しています。このようなメンバーに合わせて調整すると、ゲームを購入して初めてプレイするユーザーにとって難しすぎたり、進め方が分からなかったりするようなゲームができあがってしまいます。

そこでゲームを購入するユーザーと同じ立場である初見の人にゲームをプレイしてもらう「モニター調査」を行います。モニター調査を行うことで難易度や問題点を発売の前に確認することができます。オンラインゲームでは実際に配信をしてユーザーに事前プレイしてもらう「オープンβ」「クローズドβ」などを実施することもあります。

プランナーはモニター調査などで出てきた意見や情報を分析し、どのような対処をするかを検討します。例えばボス敵が強すぎるとなった場合、パラメータをいじるのか？回復アイテムの配置を増やすのか？ヒントのテキストを出すのか？等々、一つの問題を解決するにも様々な対処法があります。スケジュールも限られているので、いかに少ない手数で効果的な対処をするかが重要です。また、簡単にし過ぎるのもゲームの面白さを損ないますので、調整は慎重に行う必要があります。難度調整のさじ加減はプランナーの腕の見せ所です。

⑥ デバッグ期間
…デバッガーが参加、デザイナーは一部を除きチームを離れることも

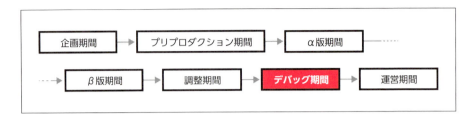

　デバッグ(debug)とは「バグ」と呼ばれる不具合を取り除く作業のことです。バグがあるとゲームが正常に遊べなくなるので、とても重要な作業です。

　「デバッガー」と呼ばれるメンバー[*2]がゲームを実際にプレイして不具合を探します。このバグを探す作業を「バグチェック」といいます。バグチェックで見つかったバグは開発チームに報告され、プログラムの修正を行い、不具合を取り除きます。全てのバグが取り除かれたら、ようやく発売・リリースとなります。

　バグチェックは仕様書などの資料とゲームを見比べて仕様通りに作られているかを確認します。資料が古いまま、不完全な状態だと、バグチェックの作業は極めて非効率になります。プランナーはしっかりとゲームの最終的な状態の仕様書を準備しておくことが必要です。

　また、プランナーの作業が原因で不具合が出ることも多々あります。典型的なのがゲーム中の説明文などテキストの誤字脱字などです。プログラマーほどではないにしろ、この時期のプランナーは修正作業に追われることになります。

⑦ 運営期間
…制作スタッフが継続する場合、運営スタッフが再編される場合がある

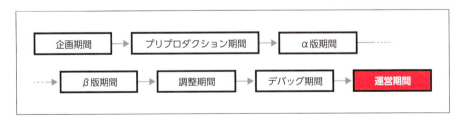

　オンラインゲームは発売・リリース後も継続してサービスを行います。ステージやキャラクター、新たなシステムの追加などのバージョンアップを行いますし、様々なイベントやキャンペーンなどを実施します。こういった発売・リリース後のサービスの提供を運営あるいは運用などと

---

*2　外部に委託することもあります。

言います。運営は、発売・リリースまでの開発チームが継続して行う場合もありますし、運営専用のチームに引き継ぐこともあります。

　運営はKPI（Key Performance Indicator＝重要業績評価指標）と呼ばれる様々な数値を分析し、どのようなサービスをしていくかを決定していきます。

　KPIは例えば、1日に何人のユーザーがプレイしているか[*3]とか、その内の何人が課金しているか[*4]などの数値です。これらの数値を毎日確認しユーザーの動向を分析します。中には分析を専門に行うチームを立てている会社もあります。

　運営チームのプランナーはこの分析に基づいて、新しいイベントやシステムを企画したり、より快適に遊べるように（あるいはより課金してもらえるように）次に同種のイベントを行うときの改善策を考えます。このように運営に関わる企画を「運営企画」と言います。

図3　プランナーの仕事

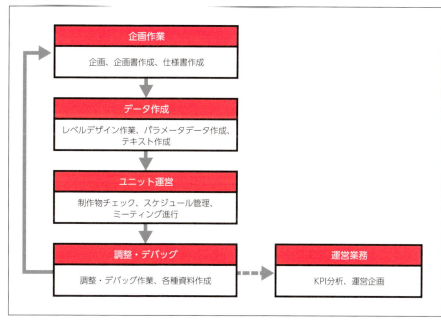

[*3] DAU、Daily Active Users、日次アクティブユーザー数などと表記。
[*4] PUR、Paid User Rate、課金率などと表記。

ゲーム制作の流れとプランナーの仕事を説明してきました。企画から発売・リリース、運営まで、プランナーはやること満載です。プログラマーやデザイナーはゲームが完成して仕事が一区切りすると、長期の休暇を取れますが、プランナーは一つの仕事が終わると次のプロジェクトの企画に入ります。休みが取れても、次のプロジェクトのことで頭がいっぱいです。プランナーは忙しいながらも、最初から最後まで作品の面倒をみることができる、やりがいのある仕事なのです。

まとめ

01 アイデア出し、資料作成、情報共有、データ作成・調整作業が、プランナーの主な業務である。

02 企画フェーズから発売・リリース、運営まで……、プランナーはゲーム作品に深く深く関われるやりがいのある仕事！

01-03 考える・書く・伝える

前節でゲーム制作の具体的な流れに沿ってプランナーの仕事を紹介しました。どのフェーズでも共通しているのが、「考える」「書く」「伝える」こと。これらがプランナーの主な仕事になるということです。

- ゲームの中身（企画、仕様）を「考え」
- 企画書や仕様書、パラメータ、テキストのデータを「書き」
- プレゼンテーションやミーティングでスタッフに「伝える」

プランナーの仕事は、これの繰り返しです。

専門的な能力で仕事をする、プログラマー、デザイナー、サウンドスタッフと違い、「考える」「書く」「伝える」というプランナーの仕事は一見すると誰でもできることばかりです。この誰でもできることで他の専門職のスタッフに差を見せないと、プランナーの存在意義はありません。チームの誰よりも深く「考え」、誰よりも分かりやすい書類を「書き」、誰にでも分かるように「伝える」必要があります。

プランナーの考える・書く・伝える

「考える」「書く」「伝える」について、詳しく見ていきましょう。

●「考える」

プランナーにとって最も必要な能力です。ゲーム制作は最初から最後まで「考える」ことだらけです。プランナーはこの「考える」を一手に引き受け、他のスタッフが専門的な作業に集中できるようにします。実際に「考える」内容は以下のようなものです。

商品企画
- コンセプト
- タイトル
- ゲーム概要・ルール
- 画面イメージ

- 設定・ストーリー

ゲーム仕様
- 画面遷移
- 各画面の構成・レイアウト・演出
- ゲームルールの詳細
- 操作方法
- プレイヤーキャラクターの仕様
- 敵・ボスキャラクターの仕様
- アイテムの仕様
- ギミックの仕様
- 音楽、効果音の仕様

ゲームデータ
- レベルデザイン
- スクリプトデータ
- テキストデータ
- 各種パラメータ

　これはあくまで概要で、実際にはさらに細分化されます。例えば「プレイヤーキャラクターの仕様」という言葉には「動き」「攻撃」「ビジュアル（アニメーション）」「レベルアップ」……等、様々な細かな要素が入っており、そのそれぞれについてプランナーは「考える」必要があります。

　その際、ゲームとして形になるように考えるのは当然ですが、各要素について「この敵の仕様をもっと面白くできないか」「ただのゲージじゃなくて何かデザインで小ネタを入れられないか」といった＋αを常に考え、アイデアを（スケジュールに間に合う範囲で）注ぎ込むのが良いプランナーの条件です。

　時には考えがまとまらず、眠れなくなるなんてこともあります。しかし、「これだ！」という考えが生まれた時の快感は格別です。

●「書く」

　ゲーム制作は多人数のチームで行う共同作業です。ＡＡＡタイトルなら１００人以上で作業することもあります。

　口頭のやり取りだけで、大勢に同一の指示を徹底することはほぼ不可能です。複数人で作業をする場合は、誰がいつ確認しても正しいことが書いてある「書類（ドキュメント）」が必須です。書類を書く、記録を残すというのもプランナーの大事な仕事なのです。

　書類を書くうえで大事なポイントがいくつかあります。それぞれ見ていきましょう。

分かりやすい

当然のことですが、書類は分かりやすく書く必要があります。読み手（仕様書の場合は各スタッフ）が理解できなければ書類が存在する意味がありません。長々とした文章では分かりづらいので、文章は箇条書きなどで、短く簡潔に書くことを心がけます[*5]。

漏れが無い（網羅性）

ここまで紹介したようにプランナーの重要な制作物には仕様書があります。仕様書はゲームの設計図です。つまり、「仕様書に書かれてない」ことは「作られない」ということです。プランナーはまだ影も形も無いゲームを細部まで考え、全てを仕様書に書く必要があります。ここをサボるとスカスカのゲームになってしまいます。プランナーがどれだけ「考え」、漏れなく仕様書に「書いた」かが、ゲームの密度を決めるのです。

具体的である

仕様書はプログラマー、デザイナー、サウンドの各専門のスタッフが作業をするときに確認する書類です。曖昧な記述では作業するスタッフは困ってしまいます。例えば「敵は時々、弾を撃ってくる」という記述では、プログラマーはどうプログラムを組めばよいか分かりません。「時々」とはどれくらいの頻度なのか？「弾」はどのくらいのスピードでどのように飛ぶのか？……、という部分までしっかりと具体的に書く必要があります。デザイン、サウンドの指示も同様です。

正確である

書類は正確であることもとても大事です。当たり前のようですが、これがなかなか大変です。なぜなら、ゲームの仕様は制作作業中に変わることがとても多いからです。仕様が変わったのに書類が古いままだと、間違った作業をするスタッフが出てきてしまいます。プランナーは、仕様に変更が入るたびに、仕様書を書き直します。このマメさが無いとプランナーは務まりません。

プランナーは上記のようなことを常に意識しながら「書く」必要があります。仕様書は、人が作業するための書類です。自分が考えたゲームの仕様を、作業するメンバーが分かりやすいよう、困らないように書くことが重要です。

[*5] 図やイラストなど、ちょっとしたビジュアルがあるだけで格段に伝わりやすくなることもあります。

●「伝える」

最後に「伝える」です。仕事の現場でありがちなのが、プランナーが考えた「仕様」とプログラマーやデザイナーが仕上げたものとの間にズレが生じることです。

考えて、書いただけではプランナーの仕事は終わりません。実装を担う人たちと正確なイメージ共有も必要です。

ズレが生じる原因はいくつか考えられます。仕様書を例に見てみましょう。

書類が読まれていない

ちょっとショックを受けるかもしれませんが、一生懸命書いた仕様書が、読まれていないことは結構あります。「そりゃ論外だろ」と思うかもしれませんが、例えばゲーム開発の後期になると仕様書は膨大な量になり、その全てを全スタッフが読むことはなかなか難しくなってきます。

書いた内容が正しく伝わっていない

読んでくれても、内容が正しく伝わらないこともあります。プランナーの書き方や文章力に問題があることもありますし、そもそも頭の中にしかないイメージ(特にビジュアル関連)を、文章だけで伝えるのはなかなか難しいものです。

変更が伝わっていない

制作途中で仕様の変更が起きた時に、変更が発生したこと自体がスタッフに伝わっていないこともあります。プランナーとプログラマー間で話し合って仕様変更したことがデザイナーに伝わっていなかったり……、これでは仕様書を変更しても作業には反映されません。

せっかくしっかり「考えて」「書いた」仕様書が伝わらないのは残念なことですが、実際にこれらの問題は日々ゲーム制作の現場で発生しています。

これらの問題はしっかりと「伝える」ことで、ほぼ解決します。仕様が出来上がったら(あるいは変更があったら)、関わるスタッフを全員集め、仕様の中身を説明します。疑問点があれば、そのときに質問してもらい、その場で解決するようにします。忙しくなると個人の作業に時間を割きたくなりますが、結局ミーティングでこまめに意思疎通した方が時間の短縮になることが多いです。プランナーは、率先してミーティングを実施し、チーム全体が同じ方向を向くように「伝える」努力をする必要があります。

「考える」「書く」「伝える」、プランナーはこの3つの仕事をこなす力を持っている必要があります。チームの誰よりも深く「考え」、漏れなく分かりやすく「書き」、必要な人全てに確実に「伝える」というのは、なかなか大変です。プランナーの仕事は、自己完結する仕事ではなく、人の仕事を作り出し、人が作業しやすいように整える仕事です。「考える」「書く」「伝える」、一見すると誰でもできる作業ですが、一人前のプランナーになるのは簡単なことではないのです。

まとめ

01 プランナーの仕事の大半は「考える」「書く」「伝える」である。

02 プランナーの仕事は、他のスタッフの作業を作り出し、円滑に作業ができるように整えることである。

COLUMN　いろんなタイプのプランナー

　プランナーの仕事は「考える」「書く」「伝える」と書きましたが、プランナー（プランする人）という名前の影響か、「考える」、特に「アイデアを出す」人という印象を持たれることが多いようです。しかし実際は一人でアイデアを出すことよりも、人と関わってその中で出てきたものを取りまとめたり、人が気持ちよく仕事できるように気を配ったり……という、コミュニケーション能力が大事な局面の方が多かったりします。また、物語の設定を考えるのが得意だったり、それを絵で表現するのが得意だったデザイン系の学科の学生がゲーム会社にプランナーで採用されたりもします。最近のオンラインゲームの運営では売り上げの分析など数字に強い人が重宝されています。プランナーに求められる能力は会社やチームによって様々です。アイデア出しの能力も重要ですが、自分の持っている「強み」を磨くことがプランナーになる近道になることもあるのです。

01 04 プランナーに求められるスキル

プランナーになるためにはどのようなことを学べばよいのでしょうか？

プランナーの仕事は、「考える」「書く」「伝える」です。つまり、プランナーになるためには、考え方・書き方・伝え方を学べばよいのです。

それでは、それぞれの学ぶべきポイントを見ていきましょう。

スキルとポイント

●「考える」のポイント

もっとも大事なのが「考える」です。まずはアイデア、方針を考え付かないと、書くことも伝えることもできません。

何も無い状態から新しいゲームのアイデアを生み出し、1本の商品としてのゲーム全体像を構成し、細部の仕様に至るまで頭の中で「考える」能力がプランナーには求められます。

考えるためには、まずは既存の優れた「面白さ」に学ぶ必要があります。面白いを知り、面白いを作り出す能力を身に付けるために以下をします。

「ゲーム」を知る

ゲームを作るにはゲームそのものを知る必要があります。

ゲームはなぜ面白いのか？そもそもゲームとは何なのか？真剣に考えてみたことはありますか。

まずはゲームというものの正体を理解する必要があり、それをしっかりと「考えて」構築できるようにならないといけません。ここを理解していないとゲームのようでゲームでない「ゲームのような何か」を作ってしまいかねません。

ゲームには様々な種類があり、「ゲームジャンル」という言葉で表現されます。ゲームはジャンルごとに面白さ（楽しませ方＝ゲーム性）が異なります。それぞれの面白さを知り、考え、再現できるようにならないといけません。

普段、ゲームをするときも、漫然と遊ぶのではなく、常に「これは何で面白いんだろう」「自分は今、何に夢中になってるんだろう」と分析し、時にはメモを取りながらゲームをプレイすることが「考える」勉強になります。

新しいアイデアの生み出し方

既に存在するゲームの面白さを理解することが大事だと書きましたが、それをそのまま再現しても新しい企画にはなりません。

ゲームを理解したら、そこに新しい何かを加え、個性豊かなゲームを生み出す必要があります。新しさを生む考え方や、発想法を身に付けることがプランナーには求められます。

また、ゲーム以外のエンターテインメント、技術、流行などから新しいゲームのアイデアが生まれることもあります。常にこれらのことを意識し、情報収集することも新しいゲームを「考える」ための大事な勉強です。

●「書く」のポイント

考えがまとまれば、次はそれを書き表します。考えを形（企画書や仕様書）にまとめ、読み手がそれを理解できるように書けないとチームでの制作はできません。分かりやすく、確実に、漏れなく書けるようになりましょう。

パソコンで書く

「書く」と言ってもゲーム作りの現場では書類はパソコンで作成します。もし、パソコンでの書類作成の経験が無いなら、パソコンの基本的な使い方、またキーボードで「書く」タイピングの技術を身に付けることは必須です[*6]。

企画書の書き方

ゲーム作品を作る前に、その作品の価値を伝えるのが企画書です。そのゲームの価値を的確にとらえ、シッカリとした説得力を持つ書類としてまとめられる構成力を身に付ける必要があります。

あることがらをより魅力的に伝えるためにコピーライティングの能力も高めたいところです。一言で伝える技術と言ってもいいかもしれません。国語力にも通じることです。

企画書では、言いたいことをしっかり強調して伝える書類に仕上げなくてはいけません。目立たせたいことを目立たせ、際立たせるレイアウトの技術も重要です。

企画書自体も一個の作品として扱われることがあります。見た目の印象にこだわることが、ゲームそのものへの期待感にもつながるわけです。

ゲームプランナーの就職活動では、企画書で最初の審査が行われます。見た目をよくするためのグラフィカルな「描く」能力もある程度必要です。

[*6] 本書ではこれらの技術はある程度身に付けていることを前提に話をしていきます。

仕様書の書き方

　仕様書はプログラマー、CGデザイナー、サウンドのスタッフへの指示書です。各スタッフが作業をしやすい仕様書を書くためには、ゲームを作るときの各職種の作業内容を把握しておく必要があります。

　プログラム、CGグラフィック、サウンドについての基本的な知識は必須と言えます。

　他のゲームの知識を豊富に持っていることも仕様書を書くのに役に立ちます。コアな遊びの部分の特徴を他のゲームからそのまま持ってくることは褒められたことではありませんが[*7]、細かな仕様はどんどん参考にしましょう。他の作品の良い部分を参考にさらに高めて仕様に盛り込むことは業界全体のレベルアップにもつながります。たくさんゲームをプレイし、どんな表現、どんな工夫がされているかを研究しましょう。

　明確に作ってほしいものを伝える能力も必要です。ここが弱いと「何かイメージが違う……」というものが出来上がってきたりします。明確なイメージを伝えるには、他のゲーム作品、映画やアニメのワンシーン、サウンドトラック（BGM）など、ゲームと親和性の高い娯楽作品の知識が役に立ちます。仕様書に参考資料として「あの映画のあのシーンの魔法のエフェクトのイメージで」などと書くと、明確に作ってほしいもののイメージが伝わります。

国語力・英語力

　企画書にしろ、仕様書にしろ、日本国内のゲーム会社で働くなら、正しく分かりやすい日本語が書けることは必須です。残念ながら学生の文章を見ると、ここが非常に弱いことが分かります。文章を書く、読む機会が少なくなってきているのかもしれません。

　実際の商品に入るゲーム内のテキストを書くこともあります。ここで誤字脱字や拙い文章があると相当に恥ずかしい思いをすることになります。

　また、「Press START Button」「GAME OVER」など、ゲーム内で英語の表記を使うことはかなり多いです。英語を話せるようになる必要はありませんが、やはり最低限の英語力は持っておくべきでしょう。

●「伝える」のポイント

　プランナーは「伝える」という場面が多い仕事です。企画のプレゼンテーション、仕様説明のミーティングなど直接口頭で伝える場はもちろん。企画書、仕様書も「伝える」ための書類です。また、ゲーム作品は遊んでくれるプレイヤーに操作方法、ルール、目標など様々なことを「伝える」場でもあります。

---

*7　俗にいう「パクリ」ですね。

分かりやすい伝え方

　プレゼンテーション、書類、ゲーム内……、あらゆる局面で共通する分かりやすい伝え方があります。伝える情報の選択、情報を伝える順番、言葉・文章の長さ、単語の選択などに気を配ることで、格段に伝わり方は変わります。また、ビジュアルプレゼンテーションという言葉があるように、映像や絵・図を使うことでより伝わりやすくなります。「分かりやすい伝え方」の基本を知ることで、あらゆる状況に対応できるようになります。

プレゼンテーション

　人前に立って、理解や納得をしてもらうように情報を伝えることを「プレゼンテーション」と言います。ゲーム作りの現場では、新しいゲームを作るときの商品企画のプレゼンテーションはもちろん、ゲームに何か新しい要素を入れる際にその内容をスタッフに周知させる仕様説明のプレゼンテーションなどが日常的に行われます。

　プレゼンテーションに関する本はたくさん出ているので、本書ではこの点の解説は割愛します。「分かりやすい伝え方」を意識し、場数を踏み、練習を行うことが、この点での成功への最大の近道です。

プレイヤーに伝える

　ゲームを遊んでくれるプレイヤーにも様々なことを「伝える」必要があります。ゲームの遊び方、何をすれば「正解」なのか……。ゲーム中に出すエフェクト、得点の仕様、リザルト画面での評価の仕様は「遊び方・楽しみ方」を伝える重要な手段です。そのゲームでは何を重要視していて、何をすると評価が高いのか……、テキストや説明文だけでなくプレイの中で伝えるという考え方やテクニックを知ることもプランナーにとっては重要です。

　プランナーになるための「考える」「書く」「伝える」のポイントについて解説してきました。一冊の本で全てのことを解説するのは難しいですが、この本ではできるだけ網羅すべく、解説していきます。それぞれについて考え方、知識、技術を、読者の皆さんが身に付けられることを目的としています。次の章からはいよいよその具体的な内容に入っていきます。

まとめ

01 プランナーになるには「考える」「書く」「伝える」の勉強が必要である。

02 この本は「考える」「書く」「伝える」を学ぶための本である。

CHAPTER 02

ゲームの「面白さ」

面白いゲームを考え、作り出すには、「ゲーム」というものの「面白さ」の本質を理解しておく必要があります。この章では特に「コンピュータゲーム」に絞って、ゲームというものの「面白さ」を考えていきます。

02 01 「ゲーム」って何だろう?

最初に問題です。

「ゲームの魅力をできるだけたくさんあげよ」

今までにプレイしてきたたくさんのゲームを思い浮かべてください。様々な魅力を持っていたと思います。最低、5つの魅力をあげてください。5つあげるまで先を読んではいけません。

考えましたか? おそらく様々な回答が出たと思います。

「かっこいいキャラクター」「感動的なストーリー」「美しいグラフィック」「壮大なBGM」「自分で敵を倒す爽快感」「オンラインでの人との繋がり」「迫力のある映像」「見たこともない世界を見せてくれるところ」「声優の演技」「主人公を自分で操作し、なりきれるところ」……。

この他の答えをあげた人もいることと思います。数え上げるときりがないほど、たくさんの魅力がゲームには詰まっています。

では、次の質問です。

「さきほどあげた『ゲームの魅力』から
ゲームでしか得ることができない魅力を選べ」

先ほどあげた「ゲームの魅力」の中から、映画、アニメ、漫画、小説……などゲーム以外の娯楽や、スマートフォン、パソコンなど、ゲーム機以外の機器でも得られる魅力を除いてみてください。
いかがでしょうか? いくつか答えは出ましたか? この問いの答えはかなり数が限られているはずです。この問いの答えでは、先ほど例にあげた以下の答えは除かれることになります。

「かっこいいキャラクター」「感動的なストーリー」「美しいグラフィック」「壮大なBGM」「迫力のある映像」「見たこともない世界を見せてくれるところ」「声優さんの演技」
⇒全て、小説、漫画、映画、アニメなどで体験可能

「オンラインでの人との繋がり」　⇒パソコン、携帯電話、スマートフォンで体験可能

これらはゲームが持つ素晴らしい魅力ではありますが、その他のエンターテインメント、通信機器などでも得られる魅力で、「ゲームならでは」の魅力とは言えません。

先ほどあげた例で残った答えは、以下の2つです。

- 自分で敵を倒す爽快感
- 主人公を自分で操作し、なりきれるところ

この2つはどうでしょう？　これらは漫画やアニメや映画などの他のエンターテインメントでは得られないもののようです。この2つはゲームならではの魅力と言えないでしょうか？

2つに共通しているのは「自分で」という言葉です。これは私が意図的に入れた言葉ですが、皆さんがあげた答えもおそらくプレイヤーが自分で何かを成し遂げること、経験することに由来するものではないでしょうか？

「自分で」というのが、他のエンターテインメントとゲームを分かつ大きな特徴です。

インタラクティブ（interactive）＝双方向という言葉でしばしば表現されますが、映画やアニメが画面やスピーカーから一方的に情報を与えるのに対して、ゲームはプレイヤー自身が自分でキャラクターを操作したり、自分で何かを選択するなど、何らかの入力をすることでゲームに参加することができます。

図1　プレイヤーが「参加」できることがゲームならではの魅力

ゲームには参加するプレイヤーのために、様々な「目標・挑戦」が準備されています。「弾を撃って敵を倒せ」「レベルを上げてボスを倒せ」「パズルを解いてゴールを目指せ」「同じ色のブロッ

クを3つ並べて消せ」「自分の軍を強くして敵の軍を倒せ」。中には「女性としての魅力を上げてイケメンを振り向かせろ」などという「目標・挑戦」を持つゲームもあります。

　人は何かしらの目標を成し遂げ、成功体験を得ると、脳内物質ドーパミンが分泌され、「気持ちいい！」という快感を得ることができます。課題、挑戦が難しいものであればあるほど、この快感は強くなります。この快感を得ることで「次も頑張ろう！」という前向きな気持ちになれます。この達成感こそが、他の娯楽には無いゲームならではの面白さなのです。また、ゲームにおいて、この達成感を与えるための「課題や挑戦の仕組み」を、「ゲーム性」と呼びます。

挑戦をクリアする「達成感」＝ゲームならではの面白さ
達成感を与える挑戦の仕組み＝「ゲーム性」

　もちろん、達成感は現実世界でも得ることができます。有名大学への合格、好きな女の子への告白成功、スポーツの大会での優勝、これらの達成感はゲームで得られる達成感よりも強いかもしれません。ただし、現実世界はやり直しのきかない失敗がつきものです。また、成功に至るまでの道のりが長く、大変な努力を強いられることもしばしばです。

　ゲームは初めから達成感を与える仕組みとして作られています。失敗をしてもやり直しがきき、何度か繰り返すことでほとんどのプレイヤーがクリアできるように計算されています。プレイヤーは現実世界で感じるような不安を感じることなく、安心して準備された課題に挑戦し、何度か失敗はしたとしても、ほぼ確実に達成感を得ることができます。「安心して得られる達成感」、ここに他のエンターテインメントにはない魅力を強く感じるのです。逆に言うと、この魅力が無いものはゲームとは言えません。

　ゲームには先述のように、双方向性と達成感のほかにも様々な魅力があります。ですが、多くの魅力があることで逆にゲームの本質が忘れられてしまうことがあります。プレイヤー自身がゲームに参加し、達成感の快感を得られることこそがゲームの面白さの本質です。

　テトリスのようなシンプルなパズルゲームも、美麗なグラフィックや複雑なストーリーを持つRPG大作も根底は同じなのです。テトリスならパズル、ファイナルファンタジーならレベル上げや戦闘という、それぞれの課題に挑戦し、プレイヤーが工夫したり、考えながらより良い形でその課題を達成することを目指します。この課題（ゲーム性）と達成感がゲームの根幹です。

　ゲームを作るプランナーは、まずこの本質をしっかりと認識する必要があります。新しいゲームのアイデアを考えるときは、他の要素は抜けていても構いませんが、どのように課題（ゲーム性）と達成感を与えるかという、ゲームとしての本質は必ず考えておく必要があります。

　その他の魅力は、ゲームならではの「面白さ」である「ゲーム性」と「達成感」を用意したうえで、その上にどんどん上乗せしていきましょう。

図2　よいゲームはゲーム性を土台に魅力が上乗せされている

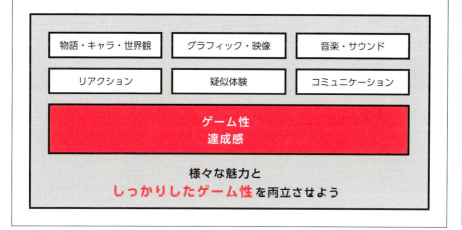

まとめ

01 ゲームの最大の特徴はプレイヤー自身が参加できることである。

02 ゲームの面白さの本質はプレイヤーに挑戦を与え、それをクリアさせることで達成感を与えることである。

03 様々な要素を持つゲームも、達成感を与えるゲーム性を土台とし、その上にその他の魅力を上乗せしている。

02 達成感の作り方

　ゲームの面白さの本質は、**挑戦**とそれをクリアしたときの**達成感**です。

　ゲームの企画の話をするときに、世界観、物語、キャラクターにばかり目を向ける人がいます。もちろんゲームに重要な要素ではありますが、そこだけに興味が偏っていると、ゲームプランナーとしては少々問題です。

　ゲーム性（**挑戦**）と**達成感**は全てのゲームが持っている、ゲームの必要条件と言えるものです。プランナーが新しいゲームを考え、作るうえでこれらが最重要項目です。

　物語、キャラクター、音楽、オンライン要素、様々な魅力があることで見えにくくなることがありますが、あらゆるゲームで「挑戦と達成感」を存分に楽しめるように作り上げることがプランナーになるための必要条件と言えるでしょう。

　では、「挑戦と達成感」はどのような構造で成り立っているのでしょうか？

図3　挑戦と達成感の構造

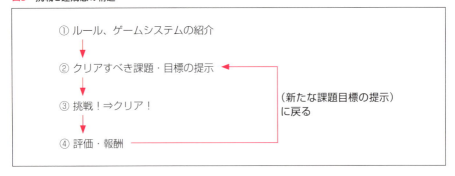

　多くのゲームはこのような流れで、挑戦と達成感をプレイヤーに提供しています。

　それでは、問題です。

最近プレイしたゲームを思い出し、
上記①〜④に当たる部分を抜き出せ

いかがでしょうか？　うまく思い出せないなら、序盤の1時間だけでもプレイしてみると実感できるかもしれません。それぞれの要素を解説してみましょう。

① ルール、ゲームシステムの紹介

「挑戦」を楽しむためには、その挑戦の内容を正しく理解する必要があります。キャラクターの操作方法、どうすれば敵を倒せるか、得点のシステムなど、「挑戦」を支える基本的なゲームシステムを理解していないと正しく「挑戦」を楽しむことはできません。

ほとんどのゲームが、その冒頭で、ゲームシステム（操作方法、基本的な遊び方）が紹介されます。テキストやグラフィックのみで説明されることもありますし、操作の練習などを体験させる「チュートリアル」が実装されていることもあります。

② クリアすべき課題・目標の提示

「挑戦」を楽しむには、その課題・目標を理解する必要があります。ゴール地点にたどり着けばいいのか、できるだけたくさん点数を取ればいいのか、ヒロインをゾンビから守り切ればいいのか……何を達成すれば、この挑戦は成功となるのかを、各ステージやミッションの冒頭でしっかりとプレイヤーに伝える必要があります。

課題・目標がしっかりプレイヤーに伝わっていると、それを成し遂げた時に「うまくいった！」と、達成感を与えることができます。逆に何が目標か分かっていない状態でゲームが開始されてしまうと、プレイヤーは「？」の状態になり、最悪の場合、コントローラを置いてゲームをやめてしまいます。

各ステージやミッションの冒頭で、クリアすべき課題・目標をしっかりとプレイヤーに示すことは全てのゲームで必須となります。テキストで示されることもあれば、物語の一部としてデモムービーなどで示されることもあります。

③ 挑戦！⇒クリア！

実際に、課題に挑戦しクリアするゲームのメインフェーズです。①で示されたルール、ゲームシステムを使い、②で示された課題を達成することを楽しみます。

ゲームのボリュームにもよりますが、①と②で示された内容をプレイヤーがいつでも確認できるように作られていることが望ましいです。ゲームをポーズ（一時停止）すると、操作の確認ができる、達成すべき目標が改めて示されるような作りが一般的です。ゲームはセーブして、何日か後に再開するということはよくあります。再開したときに「あれ……何をしてるところだったっけ……」とならないように、丁寧に作っておく必要があります。

また、挑戦の難易度はとても重要です。難易度については「02-05　能動的な挑戦にするために」で解説します。

④ 評価・報酬

　しっかりと目標を理解していれば、挑戦をクリアしただけで「達成感」を得ることはできます。ですが、プレイヤーの挑戦を「評価」し、ご褒美の「報酬」を与えることで、達成感の快感を何倍にも増幅させることができます。

　「評価」は得点、達成ランクなどが一般的です。

　得点は記録を残すことで指標になり、最高記録を超えることでさらなる「達成感」を得る機会を作ることができます。プレイヤーによっては自分でそれを「目標」とし、より能動的にゲームに取り組むきっかけにもなります。他のプレイヤーの記録も保持しておけば「ランキング」となり、「他のプレイヤーより良い成績を出したい」という競争心を煽ることができます。

　達成ランクは、外国の学校の成績のような「S、A～D」というようなアルファベット表記のものや、☆の数で表現したりします。挑戦をクリアしただけで達成感は得られますが、その達成にも段階を設け、より良いクリアをしたプレイヤーを認めてあげることで、さらなる喜びを与えることができます。ランクの低いクリアをしたプレイヤーにはより良い評価を得るために「もう一回やってやろう」という再挑戦のモチベーションを与えることができます。

　「報酬」は挑戦をクリアしたことのご褒美に、プレイヤーが喜ぶものを与えることです。アイテムや経験値など、プレイヤーの強化などにつながるものを与えるのが一般的ですが、単にストーリーやステージが先に進むこと自体も喜びに繋がり、一つの報酬のような役割を果たします。

　報酬は、次の挑戦へのモチベーションを上げることにも繋がり、ゲームを継続してプレイさせる動機づけにもなります。

　皆さんが今までプレイしてきたゲームも、ほぼ①→④の流れで構成されていたと思います。いくつか例を並べてみました。複雑なゲームほど、ルール、課題の説明は丁寧に行う必要があります。

	①ルールの理解	②課題の提示	③挑戦	④評価・報酬
スーパーマリオブラザーズ	・1-1をプレイすることで自然と理解できる作り	・右（ゴール）に進むように自然と仕向けられる	・ジャンプをキーアクションとし、敵、ギミックをクリアしてゴールにたどり着く	・豪華なクリア演出と高得点獲得 ・次のステージが解放される
バイオハザード	・導入教育はやや不親切、それが恐怖を演出している？	・扉の鍵などを入手する必要があることが示される	・鍵を探す過程で敵と遭遇するようにデザインされている	・鍵の入手 ・新たな部屋には、武器、回復アイテム、インクリボンがある

02-02 達成感の作り方

	①ルールの理解	②課題の提示	③挑戦	④評価・報酬
ゼルダの伝説 ブレス オブ ザ ワイルド	・冒頭のチュートリアルステージ ・新アイテム獲得の度に練習ステージ	・メインミッション、祠、コログ……大小様々なミッションが、登場キャラやシーカーストーンで伝えられる ・素材集めなど、プレイヤーが能動的に課題設定する仕組み	・敵との戦闘 ・広大なステージで祠や目的の敵を探す探索要素 ・様々なアイテムでクリアするアクションパズル要素	・敵を倒すことで武器・防具・素材を入手 ・ミッションクリアでより重要なアイテムが与えられる

「ルールの理解」→「課題・目標の提示」→「挑戦・クリア」→「評価・報酬」の流れはプレイヤーに「達成感」を与えるため、つまり「面白い」と感じてもらうための基本的な構成です。

ゲームを制作するには、このフローをしっかりと構築する必要があります。

プランナーは、この構成をしっかり作り上げられることが絶対条件です。ストーリー、キャラクターのような要素を気にするのはその後です。

まとめ

01 ゲームの面白さの本質、「挑戦と達成感」を実現する基本構成がある。

02 「ルールの理解」→「課題・目標の提示」→「挑戦・クリア」→「評価・報酬」が達成感を与える基本構成である。

COLUMN 難易度の重要性

達成感がゲームの「面白さ」の根幹だと話しましたが、達成感を与えるにはその難易度がとても重要です。以下の4つの問題を見てください。

① 3+3＝
② 10円玉4枚を、それぞれが他の3枚と触れ合うように配置せよ
③ 円周率を15桁書け
④ じゃんけんで5連勝しろ

①は皆さんにとっては簡単すぎます。チャレンジにならない、ただ「やるだけ」のゲームを「作業ゲー」と言ったりします。③は逆に知識が無いと解くことが不可能です。「こりゃ無理だ」と投げ出す難度のゲームを「無理ゲー」といいます。④は多少面白味はありますが、全て「運」に左右され、プレイヤーが技術や思考を楽しむわけではありません。これを「運ゲー」といいます。②はどうでしょうか？ これは解けたら嬉しいはずです。極端な例で説明しましたが、達成感を生み出すには難易度が重要です。ゲームを作る際は難易度調整に細心の注意を払う必要があるのです。

02 03 「ゲーム性」＝挑戦の種類

　ゲームの面白さの本質は、**挑戦**と**達成感**であることは繰り返し強調してきました。この達成感を与えるために、ほとんどのゲームには共通の構成があります。

　ただ、達成感を与える挑戦の内容はゲームによって様々な種類があり、異なります。この種別は、**ゲームジャンル**と呼ばれます。

　アクション、RPG、アドベンチャーなど、ゲームには数多くのジャンルが存在します。

　アクションRPGのように2つのジャンルの特徴を併せ持つジャンルもあります。アクションの中にもベルトスクロール、3D対戦格闘などが存在するように、一つのジャンルをさらに細分化することもできます。

　この節では、挑戦の種類を把握するために、代表的なゲームジャンルを数多く上げていきます。

　洗い出しの前に一点注意してほしいのが、ゲームジャンルの定義です。ゲームのジャンルと言うと「SF」「ホラー」「サスペンス」「恋愛」などを思い浮かべる人もいると思います。もちろん間違っているわけではありませんが、これらは本書がゲームの根幹として据えた「挑戦」の分類というよりは、世界観や物語の「テーマ」の分類に当たります。

　ゲームの本質とは若干ズレてしまうので、今回は外して考えます。あくまで「遊び方」としてのゲームジャンルを考えていきましょう。

　では、問題です。

「ゲームジャンル」をできるだけたくさん（最低20個）挙げよ。

02-03　「ゲーム性」＝挑戦の種類

　次ページからの分布図は、実際の学校の授業で学生たちにあげてもらったゲームジャンルを並べたものです。

　アクションやRPGのようにジャンル内でさらに細かく分類できるものは大きなジャンルで囲み、アクションRPGのように2つのジャンルの特徴を持つものは、両方のジャンルにまたがるように配置してみました。

　おそらく、この分布図に無いジャンル名を挙げた人もたくさんいるはずです。ジャンル名は明確な定義があるわけでもなく、実際各ゲームメーカーが任意につけている独自性の強いジャンル名なども多数あります。全てを網羅するのはほぼ不可能ですし、この分布図が正解という訳ではありません。ただ、この大量のゲームジャンルを見て実感してほしいのは、これだけ**挑戦の種類**があるということです。

　ゲームと一口で言っても、その**挑戦＝楽しませ方**の種類は実に様々です。プランナーは、どのジャンルのプランニングを任されても一定以上のクオリティでゲームを面白く仕上げられるのが理想です。

　今後、ゲームを作っていく際に、今までに無い「全く新しい」ゲームジャンルをゼロから作りあげるということはほとんどないでしょう（あれば素晴らしいことです!!）。

　多くの場合、既存のゲームジャンルに新しいアイデアを付加する形でゲームを企画することになります。これはつまり、どんなネタでも「ゲームジャンルの面白さ」を再現できていれば、面白いゲームに料理できるということです。

　プランナーは、既存のゲームジャンルを知り、その面白さの再現の能力をどれだけ持っているかがとても重要なのです。次節では、主要なゲームジャンルの面白さの肝を見ていきます。

まとめ

01 コンピュータゲームには多くのゲームジャンルが存在する。
02 ゲームジャンルは「挑戦と達成感」の「挑戦」の種類である。
03 様々なゲームジャンルの「面白さ」を再現できることがプランナーに求められる能力である。

図4　ゲームジャンル一覧の例

02-03 「ゲーム性」＝挑戦の種類

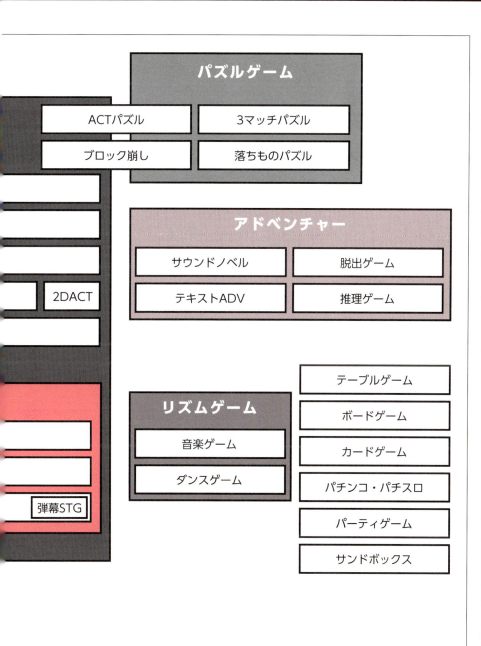

※授業内で学生が作成したジャンル一覧で完全なものではありません。
　皆さんも自分でジャンルの洗い出しをしてみてください。

02 04 各ゲームジャンルのゲーム性

　ゲームジャンルは挑戦の種類です。これは、「ゲーム性」という言葉でも表現されます。様々なゲーム性の種類を把握することは、プランナーにとってとても大事なことです。
　ここでは、主要なゲームジャンルがどのような「挑戦」をユーザーに与え、達成感を与えているのか、それぞれのジャンルについて考察していきます。

アクションゲームのゲーム性

アクションゲームは「アクション」を挑戦のメインに据えたゲームです。

　アクションゲームの「面白さ（達成感）」を作り出すには、画面上のプレイヤーキャラクターをいかに巧みに動かすか、つまり**「アクション（動き）」を楽しむための挑戦**を準備する必要があります。
　ゲームによってテーマとなるアクションは様々です。例えばアクションゲームの古典とも言うべき「スーパーマリオブラザーズ」では、「ジャンプ」を楽しむための挑戦が多数準備されています。「スーパーマリオブラザーズ」では、敵を踏んで倒すためにタイミングよくジャンプする必要があります。また小さい足場に乗るためにジャンプ中の繊細なコントロールが求められる箇所もあります。落下する足場では瞬時の判断によるジャンプ操作も必要となります。これらの敵や障害を乗り越えてゴールに到達することでプレイヤーは達成感を得ることができます。
　「スーパーマリオブラザーズ」はクリアまでの過程でマリオがスーパーマリオやファイヤーマリオにパワーアップし、障害を乗り越えるのに有利になります。このパワーアップに対してもプレイヤーは喜びと楽しみを感じます。
　これは単に強くなったことを喜んでいるのではありません。挑戦をクリアするプロセスが楽になったこと（安全になったこと）に対する喜びです。「スーパーマリオブラザーズ」の本質的な面白さであるジャンプによる「挑戦の達成」がベースになっていることを忘れてはいけません[*1]。
　アクションゲームにはさまざまなサブジャンルがあります。大きく分けて2D、3Dに分類さ

---

*1 　たまにパワーアップのことばかり書いてある企画書を見ることがありますが、パワーアップはゲームの本質的な面白さあってのものです。そもそものゲームとしての面白さが無ければ何も意味をなしません。

れますし、横スクロールアクション、ベルトスクロールなど画面構成による分類、対戦格闘、ステルス、ハンティングなどアクションの目的による分類もされます。ただ、どのサブジャンルでもプレイヤーが挑む挑戦は、タイミングや正確なコントロール、瞬時の判断など、「アクションの挑戦」にあることは変わりありません。このジャンルを作るときは、これらのアクションの挑戦をしっかりと準備する必要があります。

●アクションゲームの代表作

- 「スーパーマリオブラザーズ」シリーズ
  - →2Dアクションゲームの金字塔。「ファミリーコンピューター」から「Nintendo Switch」まで愛され続けている。「スーパーマリオ64」は3Dアクションゲームの草分けとしても有名。
- 「メタルギア」シリーズ
  - →ステルスアクションというジャンルを確立させた名作。ストーリーの奥深さも兼ね備える。
- 「ストリートファイター」シリーズ
  - →対戦格闘というジャンルを世界中に広めた傑作。
- 「モンスターハンター」シリーズ
  - →通信協力プレイで巨大モンスターを倒すというコンセプトと、リアルなモンスターの造形で大ヒットした。

主要ジャンルのゲーム性を考える

さて、ゲームの最もオーソドックスなジャンル「アクションゲーム」の面白さについて説明をしました。その他のゲームジャンルの「面白さ（挑戦と達成感）」はどこにあるのか、考えていきましょう。

> 以下の各ゲームジャンルでメインの「挑戦」がどこにあるか簡潔に答えよ。
> （例：アクションゲームは「アクション」を挑戦のメインに据えている）

- シューティング（STG）
- ロールプレイング（RPG）
- シミュレーション（SLG）
- アドベンチャー（ADV）

ゲームジャンルの中でも主要なものを取り上げてみましたが、うまく説明できるでしょうか？一度、自分の頭で考えてみることが重要です。必ず、自分で考えて答えてください。

ここで出た答えは、各ジャンルの「面白さ」のメインとなる部分であり、言い換えるとそのジャ

ンルの「定義」とも言える部分です。ここをシッカリ作れていれば各ジャンルの最低限の「面白さ」を確保できているとも言えます。

それでは、各ジャンルの「面白さ」「挑戦」を見ていきましょう。

シューティングゲームのゲーム性

シューティングゲームは「的（マト）に弾を当てること」を
挑戦のメインに据えたゲームです。

シューティングゲームは、その名前の通り弾を撃つ（Shoot）ことをメインに据えたゲームです。さらに噛み砕くと**照準を的（マト）に合わせ、タイミングよく弾を撃つ**ゲームです。これは「スペースインベーダー」のようなシンプルな2Dのシューティングでも、「Call of Duty」シリーズのような最新のFPSでも同じです。

「スペースインベーダー」や「ゼビウス」などの2Dのシューティングゲームの多くは、自機を移動させ、自機の位置で照準を合わせます。中には弾の連射機能がありタイミングの要素を排除したものもあります。その場合は「自機を照準の合う位置にうまく移動させること」に挑戦の主軸がシフトしていると言えます。弾幕シューティングは、「敵の攻撃をかわしつつ、

図5　「ゼビウス」は縦スクロールSTGの代表作

©BANDAI NAMCO Entertainment Inc.

自機を照準の合う位置にうまく移動させること」に遊びが集約されています。

「Call of Duty」シリーズに代表されるFPS（First Person Shooter：一人称視点のシューティング）は、照準（レティクル）をコントローラやマウスで操作し的（マト）に合わせ、照準が合った瞬間に弾を撃つことで弾を当てることができます。メインとなる挑戦は極めてシンプルです。これに敵の弾を避ける、敵に見つからないようにする……などの「立ち回り」の要素が組み合わさることで、シンプルなメインの遊びにバリエーションや深みを追加していくことができます。

●**シューティングゲームの代表作**
- 「スペースインベーダー」
  →日本国内における最初期のゲームブームをけん引した。
- 「ゼビウス」
  →2D縦スクロールアクションゲーム。ステージボスによる新たなゲーム性の獲得など画期的な作品だった。
- 「Call of Duty」シリーズ
  →FPS（一人称視点STG）の代表作。オンライン対戦が高い人気を誇る。
- 「PLAYERUNKNOWN'S BATTLEGROUNDS」
  →最大100人のバトルロイヤルゲームとして人気を集める。

ロールプレイングゲームのゲーム性

ロールプレイングゲームは「レベルアップ」を挑戦のメインに据えたゲームです。

　ロールプレイングゲーム（RPG）は、単純に訳すと「役を演じるゲーム」となりますが、RPG以外のゲームもキャラクター（役）を操作するゲームがほとんどですから、そこがRPGの本質であるとは言えないでしょう。
　多くのRPGは敵を倒すことで「経験値」を得、それにより「レベル」があがり、体力や戦闘力などが成長していく、いわゆる**「レベルアップ」を挑戦のメイン**としています。
　RPGの特殊なところは「レベルアップ」そのものを楽しんでいるかというと必ずしもそうでない、というところです。最も盛り上がるのはやはり「戦闘」です。ただ、戦闘の部分の遊びはゲームによって異なります。コマンド選択式だったり、アクションで戦闘したり、戦略シミュレーションゲームのスタイルで戦ったり、クイズ、パズルだったりと……実に様々です。
　RPGの戦闘の結果はプレイヤーの実力で多少は左右されますが、レベルの「数値」が戦況の大半を担っています。戦闘部分で勝つために、「レベル上げ作業」の挑戦をこなさなければならなくなります。中にはレベルアップの作業が嫌でRPGはやらないという人もいるはずです。
　ただ、レベル上げの挑戦の苦労が大きいほど目的となる敵を達成したときの達成感は大きくなります。RPGのメインの挑戦である「レベルアップ」は「戦闘」部分の喜びを大きくするための手法として他のジャンルと組み合わせることに向いているとも言えます。この要素はしばしば「RPG的要素」などと表現されます。
　RPGを面白く作るにはこのレベルアップによるプレイヤーキャラクターの強化と戦闘の対象である敵の強さとのバランスが肝です。また、レベルアップの際にプレイヤーが強化の対象（キャラ、スキル等）を選択できるようにすることでプレイヤーの挑戦の幅を広げ達成感を強めることができます。

● **RPG の代表作**
- 「ドラゴンクエスト」シリーズ
  - →堀井雄二氏のゲームデザインと、鳥山明氏のキャラクターデザインで日本にRPGというジャンルを定着させた。
- 「ファイナルファンタジー」シリーズ
  - →「ドラゴンクエスト」シリーズと双璧をなす人気RPGシリーズ。スタイリッシュなキャラクターデザインで女性ファンも獲得した。
- 「ポケットモンスター」シリーズ
  - →モンスターを収集・育成して戦闘させるというスタイルを確立。RPGの可能性を広げた。
- 「Fallout」シリーズ
  - →世紀末世界を舞台にしたRPG。海外のRPGはビジュアル、世界観ともリアル志向にある。

シミュレーションゲームのゲーム性

シミュレーションゲームは「対象となるものを設定・指示し、対象が課題をクリアすること」を挑戦のメインに据えたゲームです。

シミュレーションゲームの定義はなかなかやっかいです。多くのシミュレーションゲームは、事前に(あるいはリアルタイムに)キャラクターや軍や街など**対象となるものの編成や行動パターン等の設定や指示を行い、その対象が導く結果を見守る**ゲームです。

もともとは軍隊が盤面で駒を動かし戦術を研究していたのをコンピュータで自動化したものがシミュレーションゲームのルーツです。直接キャラクターを操作するのではなく、プレイヤーが行うのはあくまで設定や指示にとどまっているのが特徴と言えるでしょう。

ドライブシミュレータ、フライトシミュレータ、「電車でGO」のような乗り物の操作を体験するシミュレータ系のゲームも、リアルタイムに対象となるものの設定をしていると言えます。

シミュレーションゲームの面白さは、この設定・指示の幅とそれに対する対象物のリアクションにあると言えます。キャラクターを直接に操作しない分、リアクションの部分は「納得感」が伴う必要があります。キャラクターが戦うようなシミュレーションゲームの場合、そのAIが納得感のある動きをするかも重要です。

● **シミュレーションゲームの代表作**
- 「信長の野望」シリーズ
  - →コーエーテクモゲームスの歴史シミュレーションゲームシリーズ。コーエーテクモは他にも三國志シリーズなどを展開。

- 「シムシティ」シリーズ
  → ウィル・ライト氏が1989年に発表した都市経営シミュレーションゲーム。
- 「ときめきメモリアル」シリーズ
  → 「恋愛」をテーマにしたシミュレーションゲーム。「ギャルゲー」という言葉を広く浸透させた。
- 「ウォークラフト」シリーズ
  → リアルタイムストラテジー（RTS）の代表作。日本ではなじみが薄いが世界的に大ヒットしている。

アドベンチャーゲームのゲーム性

アドベンチャーゲームは「フラグを立てること」を挑戦のメインに据えたゲームです。

アドベンチャーゲームは「フラグ（条件付け）」によって進行するゲームです。もちろん全てのゲームは条件の達成で進んでいくのですが、アクションゲームはその条件に達する過程がアクションによる挑戦であり、RPGはレベルアップによるプレイヤー強化という過程が挑戦の中心です。それに対し、アドベンチャーゲームは条件の達成自体が挑戦となっています。

例えば、キャラクターAに話しかけるとキャラクターBの情報が聞けてフラグが立ち（条件が成立し）、話しかけるキャラクターの選択肢にキャラクターBが追加されるような流れです。Aに話しかけるという選択自体は何ら技術を要さず、レベルも求められません。その分、条件付けを複雑にしたり、推理の要素などを絡めることで選択自体を問題にする（謎解きにする）ことなどで挑戦を面白いものにする必要があります。

アドベンチャーゲームは、条件付けのみでゲームが展開する形式なので、物語を語るのに非常に適したゲームジャンルと言えます。より厚くストーリーを語り、世界を重層的に表現できるのがこのジャンルの強みです。

中には物語を持たない「脱出ゲーム」のようなスタイルのアドベンチャーゲームもあります。限定された空間を探索し、アイテムや情報を集め、謎を解いたり、適当な場所でアイテムを使用することでフラグを立て、先に進み、最終的に閉じ込められた密室から脱出するようなゲームです。

面白いアドベンチャーゲームを作るには、面白い物語を用意してそれを経験させる……というスタイルと、条件付けの過程をパズルやクイズ、あるいは推理などの「謎解き」にするスタイルがあります。両方をうまく兼ね備えているとより満足度の高い作品となります。

●アドベンチャーゲームの代表作

- 「ポートピア連続殺人事件」
  → ドラクエシリーズの堀井雄二氏が手掛けたADVゲーム。推理小説のようなストーリー展開は発売当時画期的だった。
- 「MYST」
  → 謎解きをメインの遊びに据えたパズルアドベンチャー。美麗なグラフィックも話題になった。
- 「かまいたちの夜」
  → 文章を読み進め、選択肢によって物語がいくつにも分岐していく「サウンドノベル」というジャンルを広めた。
- 「HEAVY RAIN -心の軋むとき-」
  → すべての動作を追体験させる独特なゲーム性と高品質なビジュアルでアドベンチャーゲームに革新を起こした名作。

　主要なゲームジャンルの「面白さ」について、筆者なりの回答と解説を書いてみました。

　必ずしもここに書いたことだけが正解ではありません。皆さんが自身で考え、友達や同僚と議論してもらえるとより理解が深まると思います。ここで取り上げなかったジャンルについても、「面白さと挑戦の種類」を是非考えてみてください。

　また、多くのゲーム作品をプレイし、それらの「面白さ」を生み出すためにどのような工夫がされているかを体験してみることも重要です。各ジャンルの「面白さの肝」を知り、そのための工夫を知ることはプランナーにとって最大の財産です。この本をきっかけに「面白さ」の仕組みに興味を持ってもらえれば、今後の全てのゲームプレイがプランナーになるための教科書になるはずです。

まとめ

01 各ゲームジャンルは「面白さ」の仕組みを持っている。

02 各ジャンルの「面白さ」と「挑戦」を考え、理解することはプランナーにとって重要である。

03 なぜ「面白い」のか？を常に考えながらプレイすれば、全てのゲームがプランナーの教科書となる。

02-05 能動的な挑戦にするために

ゲームジャンル別に、大まかな「挑戦」の成り立ち、ゲームを面白くする基本的な構成を見てきました。この節では、プレイヤーがその挑戦にさらにのめりこみ、より達成感を強く感じるようにする方法を考えていきたいと思います。

プレイヤーがゲームを楽しむ……つまり達成感を得るためには、プレイヤー自身が自分の意志でゲームに参加していることがとても重要です。「やらされている」「言われたとおりに進めてるだけ」という思いでプレイしてもゲームは全然楽しくありません。「よし、やってやるぞ！」という気持ち、つまり「能動的な」気持ちで挑戦に挑むことが、ゲームを楽しむための大前提です。

では、プレイヤーを能動的な気持ちでゲームに取り組ませるにはどうしたらよいのでしょうか？　ゲームに限らず、人が何かに能動的に取り組めるようになるにはいくつかの条件が整っている必要があります。以下に、その条件を挙げてみました。

人が能動的に取り組むための条件

① 目的が明確である
② 手段が明確である
③ 自分で決められる
④ 小さな成功体験で自信を得る
⑤ 適度な難度である
⑥ 正当な評価・報酬を得られる

これらの条件は、勉強、仕事、スポーツ等々、人が何かを「能動的に」習得する際に共通して必要なものです。これらの条件がうまく整わないと、勉強にしろ、スポーツにしろ、人は「つまらない」と感じてあきらめてしまいがちです。逆に、これらの条件がうまく揃っていると、進んで勉強をするようになり、めきめきと実力がついたりもします。

同じことがゲームにも言えます。ゲームはもともと「楽しむ」ことが目的ですが、それでもうまく条件がそろっていないと「つまらない」と感じるようになります。

例えばゲームをプレイしていて、以下のような局面に出会ったらどう思うでしょうか？

- 1週間ぶりにゲームを再開したが、何をすればいいのか忘れてしまった
  - →目的が不明確になっている

- 操作しているキャラは強力な必殺技があるらしいが出し方がわからない
  - →手段が不明確になっている

- 1本道のルートを長時間歩かされた
  - →プレイヤーに選択の余地が無い

- 最初から強い敵が出てきて何度も殺されてしまう
  - →プレイヤーに成功体験を与えない

- 激弱なザコ敵しか出てこない
  - →難易度が適度でない

- ステージをクリアしたのに特に何も起こらずに次のステージに進んだ
  - →正当な評価が受けられない

　上記のような局面はプレイヤーの能動的なやる気を削ぎ、「面白い」という感覚を奪ってしまいます。ゲームを作るときには、これらの要素に常に気を配らないといけません。
　それではそれぞれの要素について、もはやゲームの古典とも言える「スーパーマリオブラザーズ」を例に考えていきましょう。

① 目的が明確である

　「スーパーマリオブラザーズ」のゲーム（ゲーム全体）の目的は「ラスボスのクッパを倒し、ピーチ姫を救うこと」です。また、各ステージの目的は「制限時間内にゴールにたどり着くこと」です。
　古いゲーム[*2]なので、このあたりの情報はゲーム内では直接は語られていません。代わりに取扱説明書内で明確に語られています。プレイヤーは取扱説明書に目を通すことで、このゲームの目的を明確にすることができます。
　最近のゲームはファミリーコンピュータの時代とは比べ物にならないほどのデータ容量を持つことが可能なので、これらの説明はストーリーデモやチュートリアル（操作説明）で語られることがほとんどです。
　ゲームを作るときは、ゲーム全体の目的と、ゲームを遊ぶその瞬間瞬間の目的をしっかりと設定し、プレイヤーに明確に伝えることが重要です。

[*2] 1985年発売、執筆時点で30年以上前のゲーム。

② 手段が明確である

「スーパーマリオブラザーズ」のマリオにできること（手段）はシンプルです。

- 移動
- ダッシュ移動（Bダッシュ）
- ジャンプ
- マリオ→スーパーマリオへのパワーアップ
- スーパーマリオ→ファイヤーマリオへのパワーアップ
- スーパー（ファイヤー）マリオ時のしゃがみ
- ファイヤーマリオ時のファイヤーの発射
- スーパースターマリオへのパワーアップ

　さらにこれらの組み合わせで多彩なアクションができるようになっていますが、基本的にできる操作、パワーアップはこれだけです[*3]。これらの操作は最初のステージ「1－1」をプレイすることでその大半を経験することができます。プレイヤーは「1－1」を楽しみながらプレイすることで、基本的な動作とルールの大半を習得することになり、その後のステージもここで習得したことをベースに遊ぶことができます。操作も非常にシンプルで手段について忘れてしまうことはほとんどありません。

　現代のゲームは、より操作やルールが高度化・複雑化しています。これらをうまく整理し、できるだけシンプルな形でプレイヤーに伝える（提示する）ことが理想です。例えば、ユーザーが操作方法を覚えるために、チュートリアルを作成し、丁寧に操作方法を伝える必要があります。さらに、いつでもゲーム中で操作方法の確認ができるように作っておく、あるいはUI（ユーザーインターフェース）でガイドをするなど、プレイヤーにしっかりと「手段」を伝えることが重要です。

③ 自分で決められる

　「自分で決められる」ことは「ゲームを能動的に楽しむ」ために、最も重要なポイントです。プレイヤーが「自分で決められる」とは一体どういうことでしょうか？「スーパーマリオブラザーズ」の一場面を見てみましょう。

　次ページの画面を見てください。最初のステージ「1－1」の冒頭部分です。画面の右から敵（クリボー）が出てきました。あなたならこの後、マリオをどう動かしますか？　少し進んで上部に空間がある場所でクリボーを踏む？このままの位置で待ち構えてクリボーを飛び越える？あるいは「？ブロック」の上に乗ってクリボーをやり過ごす？　様々な答えがあるはずです。

　ゲームの作り手側はプレイヤーに「たった一つの正解」を用意しているわけではありません。

---

*3　操作方法が変わる水中を除く。

この一場面だけでも無数のプレイパターンが存在し、どのようにプレイするかはプレイヤーに委ねられています。これこそがプレイヤーが「自分で決められる」ということです。

どのような選択であれ、プレイヤーが自分で決断し、そのための操作をして無事にこの局面を乗り越えたときは、格別な「達成感」を得ることができます。

もし、この場面がただの地面だけで、前からクリボーが歩いてくるだけだったらどうでしょう？プレイヤーに与えられた選択肢は、「踏む」か「踏まずに飛び越えるか」だけになってしまいます。

図6 対処法に様々な選択肢がある

「アーケードアーカイブス VS. スーパーマリオブラザーズ（2017年、ハムスター）」プレイ画面より引用。モノクロで掲載。

「自分で決められる」感覚が激減し、達成感も乏しいものになってしまうことでしょう。

「自分で決める」ことはアクションゲームに限らず、全てのゲームジャンルで大事なことです。プレイヤーに数多くの選択肢を与え、「自分で決める」局面をたくさん準備してあげましょう。

プレイヤーが能動的にゲーム内で決断できることは、しばしば「自由度」という言葉で表現されます。自由度の高いゲームを作るためには最初の企画段階で選択肢を作りやすくする設計にしておく必要があります。

④ 小さな成功体験で自信を得る

「スーパーマリオブラザーズ」の冒頭のステージ、1-1で出てくる敵はクリボーとノコノコ[*4]の2種類のみです。これらはゲーム内では比較的対策がしやすい攻略が容易なキャラクターです。即死となる落とし穴も2ヶ所だけ。代わりにパワーアップのアイテムは、マリオが1体増える「1UPきのこ」、無敵になる「スーパースター」も含めて、比較的豊富に配置されています。慣れないうちはノーミスクリアはできないかもしれませんが、ちょっと頑張れば誰でもクリアできるようなレベルデザイン（ステージの構成）になっています。

この誰でも成功体験を得られるというのがとても重要です。ゲームをプレイして「できた！」という喜びが、「先を続けたい！」という気持ちを生み、ゲームへのモチベーション（やる気）を維持させます。最初のステージはとにかく「成功させる」ことを意識して作る必要があります。

気を付けないといけないのはゲームの作り手は自分のゲームに慣れてしまっているということです。作り手の感覚で「簡単」だと思っていても、初めてプレイする人にはクリアできないほど「難しい」ということはよくあります。

これでは、プレイヤーの「やる気」は大きく損なわれてしまいます。ゲームを作るときは必ず

---

*4 クリボーは茶色のキノコのようなキャラクター、ノコノコは緑（もしくは赤）の亀のようなキャラクター。いずれもシリーズで何度も出てくる定番キャラクター。

初見のプレイヤーにプレイしてもらい、意見を集める「モニター調査」をする必要があります。プランナーはモニター調査で出た意見を集約し、ゲームの序盤でしっかりとプレイヤーに成功体験を与え、「やる気」を持ってもらえるように設計する責任があります。

⑤ 適度な難度である

序盤に「成功体験」を与えることの重要さを説きましたが、プレイしていくうちにプレイヤーも段々とゲームに慣れ、腕前（スキル）を上げていきます。序盤の簡単な難度が続くと、あっという間に飽きてしまいます。

そのため、段階的に難度を上げ、常にプレイヤーが「さっきより難しそう……でもやってやるぞ！」と前向きに取り組めるようにしないといけません。

「スーパーマリオブラザーズ」では、ステージを進めるごとに、よりやっかいな敵が待ち構えています。踏んでも倒せない敵や、二人組でハンマーを投げてくるハンマーブロス、そしてボスのクッパなどです。

また、ステージを構成するギミックの難度も上がってきます。足場を踏み外すとすぐに落下して死んでしまうようなステージ、テクニカルな「泳ぐ」操作が求められる水中ステージ、火のついたバーが回転しており、さらに火の玉が飛んでくる地下ステージ……。

段々とゲームに慣れていくプレイヤーを常にほどよい緊張状態[*5]に保つ難度に調整することも「能動的なやる気」を維持させるのにとても重要です。

そのためには敵のバリエーション、ステージギミックのバリエーションをある程度の数揃えておく必要があります。プランナーはゲーム全体のボリュームとバランスを見ながら、企画初期の段階で敵やギミックのバリエーションを考えておかなければなりません。

⑥ 正当な評価と報酬を得られる

最後に評価と報酬です。何かに取り組み、それを達成したときに何も評価が得られないと、人は「やる気」を無くします。ゲームでも常にプレイヤーが何かを達成したことを認識させ、「やる気」を維持させる必要があります。

「スーパーマリオブラザーズ」でも、こまめにプレイヤーに評価と報酬を与えています。

敵を倒したとき、アイテムを取得したとき、必ずその近くで獲得した得点が表示されます。画面左上にもトータルスコアが出ていますが、普段、ここを見るプレイヤーは稀です。

図7　敵を倒したすぐそばに得点表示

「アーケードアーカイブス VS. スーパーマリオブラザーズ（2017年、ハムスター）」プレイ画面より引用。モノクロで掲載。

---

*5　これをフロー状態などと言います。

プレイヤーがアクションを起こしたそばで、きちんと得点したことを表示し、ゲームルール上正しいことを行ったことを「評価」して褒めています。細かい部分ですが、これがあると無いとではプレイヤーの受ける印象、やる気は随分差が出るのです。

　また、ステージクリア時は終了タイムによって、花火が打ちあがります。ゴールのポールの高い位置につかまると高得点が入り、クリアのジングル（短いBGM）が流れます。ファミコンの表現力を駆使して、プレイヤーのゴールを祝福し評価します。プレイヤーはゴールした達成感を何倍も強く感じることができ、「よし！次のステージもやってやる！」という能動的な気持ちを強めることができます。

　評価という面で最も重要なのが、プレイヤーが自分の行ったプレイがどのような評価なのかを確認する「リザルト画面（結果表示画面）」です。リザルト画面では、得点の「ランキング」を表示して「自分のプレイは他の人と比べてどうだったのか」を確認させたり、S、A、B、C、Dなどの「ランク」表示をして自分のプレイの達成度合を確認させたりします。この評価を得ることでプレイヤーはより強く達成感を得たり、「次はもっとがんばろう」という再プレイへの意欲を持つことができます。リザルト画面の仕様は軽く見られがちですが、プレイヤーに能動的にゲームに参加してもらうためにも非常に重要なもので、プランナーが最も気を配るべきポイントの一つです。

　プレイヤーが能動的にゲームを楽しむための条件を6つ紹介しました。前向きな気持ちで挑戦に取り組ませることは、ゲームを楽しむためにとても重要なことです。あらゆるゲームが形こそ違えど、この部分には気を配っています。プランナーは、プレイヤーの「やる気」を強め、ゲームの持つ「面白い」を最大化できるようにゲームの仕様を考えていく必要があります。

まとめ

01 「面白い」と感じさせるには、挑戦に「能動的に」取り組ませる必要がある。

02 「能動的に」取り組むには、以下のような条件がある。
- 目的が明確である。
- 手段が明確である。
- 自分で決められる。
- 小さな成功体験で自信を得る。
- 適度な難度である。
- 正当な評価と報酬を得られる。

03 上記の条件はゲーム制作時に常に気を配る必要がある。

02-05 能動的な挑戦にするために

> **COLUMN** 評価に気を配るべきタイトル
>
> 　いわゆるソーシャルゲームなど、プレイに際してアイテム購入（ガチャを引かせる）を伴うタイプのゲームは特に「評価」に気を配ります。プレイヤーが購入した（あるいはガチャで引いた）アイテムが効果的に働いて、より高い「評価」を得られていることを実感させる必要があるからです。自分がお金を払って手に入れたアイテムが役に立っていることを実感させることは、アイテムを販売するタイプのゲームでは死活問題です。スマートフォンのガチャがあるタイプのゲームは、本当に評価の演出は丁寧です。とても参考になるので遊ぶときは気を付けて見てみてください。

02 06 クライマックスを作る

　ゲームを面白くする要素をいくつか紹介してきました。特に「達成感を得るための挑戦を準備すること」「能動的になれる条件を満たすこと」の重要さはわかっていただけたと思います。

　さらにもう一つ、「面白い」を作るのに重要なのが「クライマックス」です。クライマックスとは盛り上がりのことです。映画やアニメなど物語における「起承転結」の「転」、音楽で言うと「サビ」なども「クライマックス」と言えます。ゲームに限らず、人を楽しませるエンターテインメントに「盛り上がり」は欠かせません。

　ゲームにおけるクライマックスも、プレイをしていて「盛り上がる部分」だと言えます。最も高揚する**歯ごたえのある挑戦**であったり、挑戦を楽にクリアできるようになる**一時的なパワーアップ**の場面だったり、一気に得点が入り、ゲームの進行が進むような**ボーナスチャンス**だったり、プレイヤーに一段高い興奮と刺激を与える箇所です。

　どれもゲームにありがちなもので当たり前のもののように思うかもしれません。しかし、これらも作り手（つまりプランナー）が考え、準備しないとゲームには組み込まれません。「クライマックス」が無いゲームは、どこか単調で面白味に欠けるものになってしまいます。プランナーがゲームにどのような「クライマックス」を用意するかは、ゲームの面白さを大きく左右します。

　「クライマックス」について、いくつか具体的な例を見ていきましょう。

歯ごたえのある挑戦

　クライマックスの最もオーソドックスなものが、「歯ごたえのある挑戦」です。ゲームプレイを通してプレイヤーが身に付けたプレイスキルや、獲得したアイテム・スキル、RPGやシミュレーションゲームならキャラクターやユニットの数値的な成長を存分に試す機会を与えます。通常のゲームプレイより難易度が高く、でも何度かチャレンジすればクリアするのも無理ではない難易度で、ある程度のプレイボリュームを持ったものを準備します。

●ボス戦

　歯ごたえのある挑戦でよく見るのが「ボス戦」です。攻撃方法が多彩で、ダメージを与えるのに段取りがあったり……と、プレイヤーに矢継ぎ早に様々な挑戦を与えます。また、通常の敵よりHP（ヒットポイント：体力）が高く、HPがある程度下がると攻撃方法が変わるなど、プレイ時間、プレイバリエーションも十分なボリュームを持ちます。物語のクライマックスとしても

「ボス戦」が配置されていることが多く、ボスを倒した時にプレイヤーは強い達成感を得られます。

●プレイイベント

通常のプレイパートより厳しい条件を与え、明確なパートクリアを意識させる「プレイイベント」もよくつかわれる手法です。特定の条件を課すことで、歯ごたえのある挑戦をプレイヤーに提供します。例えば、一度に大量の敵を登場させ「敵を全滅させろ」「一定時間○○を守れ」「アイテムを使わずに敵を倒せ」といったクリア条件を課すことで、プレイヤーに特別な盛り上がりとして認識させることができます。また、明確にパートとして通常プレイと区切り、パートの「終わり」を意識させることで、クリア時にプレイヤーに強い「達成感」を与えることができます。

●物語との相乗効果

物語を持つゲームの場合、「ボス戦」や「プレイイベント」は物語のクライマックスとしても機能することがあります。物語がゲームを盛り上げ、ゲームが物語を盛り上げるという相乗効果を得ることができます。RPGやアクションアドベンチャーなどの物語を持つジャンルではこの相乗効果を活かし、「物語をプレイする」感覚を味わうことができます。優れたプランナーは物語とゲームを同時に考え、2つのクライマックスを同時にプレイヤーに提供し、大きな感動を与えることができるのです。

一時的なパワーアップ

プレイヤーを圧倒的に強くすることでクライマックスを作る手法もあります。これまで苦労してきた「挑戦」が楽々クリアできるようなパワーアップは、プレイヤーに強烈な爽快感を与えます。ただ、むやみにパワーアップできるようにしてしまうと、その価値が下がり爽快感も下がっていきます。プランナーはそのバランスに最新の注意を払って、配置場所、使いどころを決める必要があります。

●アイテム取得のパワーアップ

パワーアップでよく使われるのがパワーアップアイテムです。典型的な例が「スーパーマリオブラザーズ」のスーパースターでしょう。マリオはスーパースターを取ることで、体が明滅し、その体で接触するだけで敵を倒すことができるようになります。バランス取りのために無敵時間は非常に短く設定されていますが、軽快な専用のBGMも手伝ってプレイヤーは強烈な爽快感を得ることができます。ただ、調子に乗ると穴に落ちて死亡するという文字通りの落とし穴があるところがミソ。決してノーリスクではなく、パワーアップ時も成功・失敗を感じるような作りにしておくとゲームとしての「挑戦」が失われずに、程よい緊張感を持続させることができます。

●強力な武器・必殺技

　FPS[*6]や銃火器を使用するアクションゲームなどの「グレネードランチャー」、戦闘系のアクションゲームならゲージがたまると使える「必殺技」、RPGならMP（マジックポイント）を大量消費する「攻撃魔法」などの強力な攻撃も、一時的なパワーアップの一種と言えるでしょう。無制限に使えるとバランスが崩れるため、使用回数は制限されていますが、プレイヤーが任意に使い場所を選べるところが、取得後に即パワーアップするアイテムとは異なります。プレイヤーは使いどころを考え、「ここぞ」という時に使用し、成功すると大きな爽快感を得ることができます。

　プレイヤーの「任意」と書きましたが、では作り手側は何も意識しなくていいのかというとそうではありません。プランナーは、ちゃんとその攻撃が効果的に働く敵やシチュエーション…つまり「使いどころ」を準備しておく必要があります。プレイヤーには「自分で選んで」使ったと気持ちよく思わせておいて、実はそのように仕組んである……というのが理想的な構成です。

ボーナスチャンス

　ゲーム中に時折現れる高得点のチャンス、「ボーナスチャンス」もクライマックスの一つと言えます。スコア（得点）が重要視されるゲームで多く見られる手法です。先ほどの「一時的なパワーアップ」は敵を倒すことを重要視するゲームでの「ボーナスチャンス」と言うこともできます。「ボーナスチャンス」では一気に大量の得点が入ることで、プレイヤーの気分を高揚させます。

●ボーナス敵

　倒すと高得点が入る登場がレアな敵などがこれに当たります。古くは「スペースインベーダー」のUFO、倒すと大量の経験値が手に入る「ドラゴンクエスト」シリーズのはぐれメタルなどもここに分類されるものです。大量の得点、あるいは経験値が手に入るのですが、出現の機会自体が少なく、しかも倒すのが難しいので、プレイヤーは遭遇しただけでテンションが上がり、倒せたときは大きな達成感を得られます。ゲームによっては、こういう特殊な敵を適度に配置することで、プレイヤーのモチベーションを引き上げることが可能です。

図8　「スペースインベーダー」のUFO　ボーナス敵の登場はゲームにメリハリをつける

©TAITO CORPORATION 1978 ALL RIGHTS RESERVED.

＊6　「Call of Duty」に代表される主観視点のシューティングゲーム。

02-06 クライマックスを作る

●自分で組み立てるボーナスチャンス

　落ちものパズルなどのパズルゲームなどでよく見られるのが、条件を満たすと大量のブロックを消すことができるボーナスチャンスです。パズルゲームの場合、プレイヤーがそのシチュエーションを作り出します。

　「ぷよぷよ」では「連鎖」と呼ばれる状態をプレイヤーが事前に組み立てて狙います。連鎖とは、4個以上繋がった「ぷよ（ブロック）」が消滅し、上から「ぷよ」が落下することで、

図9　「ぷよぷよ」の連鎖の爽快感

©SEGA

連続で「ぷよ」が消えることです。ぷよが消えた後の動きまで考えこむ必要があり、ゲームに深みと、連続してぷよが消える爽快感を与えています。

　「テトリス」では「テトリス棒（Iテトリミノ）」と呼ばれる四つのブロックが一直線に並んだ棒を縦にはめると4列が一気に消せる状態をプレイヤーが作ります。そこにテトリス棒をはめるとき、プレイヤーは大きな達成感を得られます。

　気持ちのいいパズルゲームはプレイヤー自身がクライマックスを組み立てることができるようにゲームシステムが作られているのです。

●コンボシステム

　「ビートマニア」からブームとなった音楽・リズムゲームでよく導入されている「コンボシステム」はクライマックスの亜流と言えます。どれだけミスをせずに連続してプレイできるかで「コンボ」値がたまり、点数や成績に影響を与えます。

　「ミスをしてはいけない」という緊張感と連続する成功の高揚感がコンボが続くほどに高まります。音楽のサビ部分では自然と難易度も上がり、「歯ごたえのある挑戦」の盛り上がりも加わり、プレイヤーに強い高揚感を与えます。シンプルですが非常に効果が高いシステムで

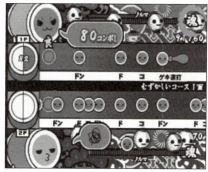

図10　「太鼓の達人」などのリズムゲームではコンボシステムが強い高揚感を生み出す

©BANDAI NAMCO Entertainment Inc.

す。音楽ゲームだけでなく、連続して何かを行わせるアクション系のゲームでも効果を発揮することがあるので、ゲームを面白くする手法の選択肢として覚えておきましょう。

063

ゲームを盛り上げ、より「面白く」するクライマックスの手法をいくつか紹介しました。基本のゲームシステムだけではイマイチ面白くならないとき、これらのクライマックスの要素を追加することで劇的にゲームが面白くなることがあります。

　また、クライマックスはゲームの序盤ではなく、ステージの終盤、全プレイの終盤に配置するのが基本です。システムで準備する場合も、序盤でいきなり使えるようにはせず、プレイを進めることで条件が整うようにし、自然とステージの後半、全プレイの後半に使えるようになるよう計算してシステムを設計するのが理想です。プレイを尻すぼみでなく、トータルで「面白かった」と思わせるには、プレイの後半に盛り上がりを配置する必要があります。

　プランナーはこれらのクライマックスの手法を意識し、ゲームにメリハリを与え、プレイヤーに高い満足感を与えられるようにならないといけません。

> **まとめ**
>
> **01** ゲームにも物語と同じようにクライマックスがある。
> **02** クライマックスはプレイヤーに高揚感、達成感を与える。
> **03** クライマックスの手法を覚えておき、プレイ後半に配置しよう。

07 プロのゲームを教科書に

さて、本章ではゲームの「面白さ」について書いてきました。

- ゲームの面白さの根幹は、「達成感」である
- ゲームジャンルごとに達成感の与え方（＝挑戦）は異なる
- 挑戦に能動的に取り組めるようにすることが大事である
- クライマックスでより強い達成感を与える

これらは「面白い」ゲームを作るためにとても重要なことです。しっかりと「挑戦」を作り、能動的になるための条件を満たし、クライマックスを準備すれば「達成感」のある「面白い」ゲームを作ることができます。

どんな題材のゲームでも、この章で書いた内容を再現し、面白いゲームを仕上げられるようになることは、プランナーに求められる能力の必要条件と言えます。これらの「仕上げ力」はアイデアを出す「センス」とは違い、勉強し、常に意識することで身に付けることができます。

プロのゲームに学ぶ

「仕上げ力」の教科書は皆さんが普段遊んでいるプロが作ったゲーム作品です。

これから何かゲームをプレイするときは、「ジャンルは何か」「面白さの本質はどこか？」「どのような挑戦が準備されているか？」「プレイヤーに能動的になってもらうためにどのような工夫をしているか？」「クライマックスはどこか？」等を意識しながらプレイしてみてください。

「ゲームとしての面白さ」の仕組みを見抜き、それを能動的に取り組ませるための要素に数多く触れてください。プレイヤーとしてただ「楽しむ」のではなく、同業者の「ライバル」として作品に触れる意識が大事です。「あ、こんなことをやっている！」「自分は今、こういうことを楽しまされている……」「この敵はこういう意図で出しているな」などと、常に客観的に冷静に分析するようにしてください。プロのゲームクリエイターは、プライベートでゲームをするときも、もはや職業病というレベルで他のゲームを分析しながらプレイしています。

皆さんもプロの目線で、様々なテクニックを「盗む」つもりでゲームをプレイしてください。その目線を持っていれば、全てのゲームプレイで、楽しみながらプランナーの勉強ができ、たくさんの手法を知ることができます。プロの手法を知っておくことは、自分でゲームを作る時にも

大きな助けとなります。自分が考えるゲームを間違いなく「面白い」ものに仕上げ、プレイヤーを楽しませるために、できるだけたくさんのテクニックを知り、自分の「引き出し」にしまっておきましょう。

　この項の最後に、「ゲームの面白さメモ」のフォーマットと「スーパーマリオブラザーズ」での記入例を載せておきます。何かゲームをプレイしたときに（あるいはプレイ動画を見たときに）、このノートの項目に沿って気づいたことをメモすることで、「作り手」の目線でより深くそのゲームを理解することができるようになると思います。要素の多いゲームだと書く内容が膨大になるので、最初は昔のゲーム、あるいはスマートフォンのシンプルなゲームで書いてみることをおススメします。要素の多いゲームなら、メインとなる部分（FPSならシューターの部分）に絞ってみると書きやすいかもしれません。

「常識」がアイデアを支える

　多くのゲームをプレイし、「ゲームの面白さメモ」を活用し、ゲームの「常識」を押さえましょう。この「常識」がゲーム制作のあらゆるところで役に立ちます。何か新しいアイデアでゲームをまとめる時にこそ、この常識たちが役に立ちます。「基礎」があってこそ「応用」ができるのはゲーム作りでも同じです。まずは「面白い」ゲームを作るための常識・基礎を身に付けることを最優先に学んでください。

> **まとめ**
> **01**「仕上げ力＝ゲームを面白くするための基礎」を身に付けよう。
> **02** プロの作品を客観視することが「仕上げ力」の勉強に有効。
> **03**「仕上げ力」があれば応用的なゲームも作れるようになる。

基本情報		
ゲームタイトル	メーカー	対応ハード
スーパーマリオブラザーズ	任天堂	FC
ジャンル・ジャンルの面白さ		
ゲームジャンル（面白さの種類）		
2Dプラットフォーマー　「ジャンプ」を主軸にした横スクロールアクション		
ゲーム目的		
画面右に進んでいき、最終的なゴールにたどり着くことが最大の目的。		
挑戦（面白さ）の内容		
移動、ダッシュ移動、ジャンプ、ファイヤーボール（弾）を使い敵やステージの障害をクリアする。		
能動的にさせる要素		
目的は明確か？		
ストーリー・設定は取扱説明書の記載のみだが、シンプルなゲーム性で問題は無い。		
画面は左にはスクロールせず、右に進むという目的は明白。		
全ステージ目的は共通で明確（ゴールへの到達、ボス（クッパ）の討伐）。		
手段は明確か？		
コントローラ自体がシンプルで操作に迷うことは無い。		
パワーアップアイテムも即効性があり、巨大化、炎の玉など見た目に分かりやすい。		
プレイしながら覚える要素もあるが、テンポよくリトライできるので許容できる。		
自分で決められるか？		
ステージはブロックにより上下の概念があり、どう進むかプレイヤーが決められる。		
敵を倒すこと、アイテムの取得は必須ではなくプレイヤーが決められる。		
ジャンプは長押しで高く跳び、ジャンプ中でも十字キー左右で移動ができる仕様でありジャンプの操作にかなりの幅がある。キーアクションであるジャンプにプレイヤーの意志が反映できるように工夫されている。		

小さな成功体験	
敵を踏んで倒すたびに得点獲得の表示がされ成功体験を得られる。	
最初のステージである1-1の難度は低く、初見のプレイヤーでも短時間でクリアできる。	
適度な難度	
1-1は難度が低いが、進むごとに新たな敵やギミックが登場し、プレイヤーの成長に合わせ、難度がUPするように計算されている。	
評価と報酬	
敵を倒す、アイテムを取るごとにその場で点数等の表示がされ、こまめに評価される。	
リザルト画面は無いが、ステージクリア時に花火、ファンファーレで祝福される。	
クライマックス	
パワーアップ	
ステージ中のアイテムを取ることでパワーアップする。	
スーパーマリオ　一度のダメージでは死ななくなる。ブロックを破壊できる。	
ファイアマリオ　ファイアボールを撃てるようになる。	
スーパースターマリオ　一定時間不死身になる最大のパワーアップ。	
ボス戦	
各ステージのラスト「○-4」の最奥に「クッパ」が配置されている。	
ジャンプしながら火を吐き、プレイヤーのアクションスキルが問われる。	

CHAPTER 03

アイデアを探せ！

　プランナーの仕事の華と言えば、やはり「企画」でしょう。「企画」とは「企（くわだ）てる」と「画（かく）する」という二つの漢字から成り立っていることからも分かるように、ゲームの内容を企て、計画することです。
　ゲーム制作の全てはこの「企画」からスタートします。この章では、「企画」と、その元となる「アイデア」について考えていきたいと思います。

03
01 企画・企画書とは

企画の役割

「企画」をまとめた「企画書」作成から、ゲーム制作はスタートします。企画書を見て、あるいはそのプレゼンテーション（説明）を受けて、経営判断をする人は実際に予算を投じて、そのゲームを作るかどうかを判断します。

図1　企画と企画チェックの流れ

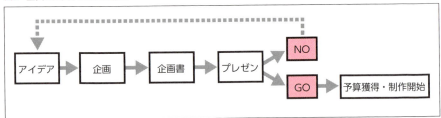

プロ[*1]のゲーム制作の予算はスマートフォンのゲームでも1億円を下回ることは少なく[*2]、家庭用の大規模なゲームともなると100億円以上の費用がかかることもあります。それだけの金額が動く以上、企画は会社にとってその命運を託すものです。その企画を通す・通さないは会社にとってまさしく死活問題となります。そのため、企画のチェックは自然と厳しくなります。

企画をまとめた企画書自体はあまりボリュームのあるものではなく、最初の企画提案の段階では10ページ前後で作られることがほとんどです。プランナーはそのわずかなページ数の中で、提案するゲームのアイデアを伝えきり、「制作GO！」の了解と数億円以上の予算を勝ち取らないといけません。

では「制作GO!」がもらえる企画とはどういうものでしょうか？

---

*1　いわゆるゲーム制作会社。
*2　近年はゲーム内容の高度化でますます高騰しています。

これはズバリ、

制作GOとなる企画　＝　売れる企画

です。

　会社の経営を管理する側からすれば、これは当然の判断です。企画を提案する側は、少なくとも「売れそう」という印象を与える必要があります。「売れそう」と相手に思わせるために、大きく3種類の企画が存在します。

- プロデューサー的企画
- アナリスト的企画
- プランナー的企画

それぞれ解説していきます。

プロデューサー的企画

　プロデューサー的企画とは、言ってみれば「座組み」の企画です。プロデューサーはゲーム制作のビジネス面の責任者です。確実に売上に結びつく「ウリ」を商品に付与する企画を立てます。例えば次のような文句をゲームの宣伝で見たことはありませんか？

- あの人気アニメ「○○仮面」が初のゲーム化！
- 豪華声優50名が夢の競演！
- あの名作「○○」と「△△」のスタッフがタッグを組んだ！

　ある程度のファンがついているコンテンツやスタッフ、キャストを迎える（座組みする）ことで、一定の売上を見込むことができ、「売れそう」感を作り出すことができます。
　ただ、これらは、ある程度ビジネスを任されており、様々な外部のクリエイターと繋がりを持つプロデューサーだからこそできる企画です。
　また言ってみれば他力本願な企画であり、クリエイティブな企画とは言いづらいところがあります。否定するわけではありませんが、ビジネスに偏った企画と言えます。

アナリスト的企画

アナリスト的企画とは、市場を分析して、「何が売れているか」を軸に立てられた企画です。売れているものをそのまま、あるいはほかのものと組み合わせて企画します[*3]。

市場を分析（アナライズ）し、「今、何が売れているか」を研究し、それをベースに「これが売れてるから同じようなものを作りましょう」と提案するような企画です。

このタイプの企画は、「どこかで見た」ような「○○っぽい」と言われるようなゲームになり、新鮮さに欠けることが多いです。ただ、成功事例があるので「売上が立つ」という説得力があり、意外とポンポン企画が通ったりします。

アナリスト的企画が増えると、似たようなゲームがたくさん出回り、市場が停滞しがちです。一時的にヒットしたとしても、業界全体の活気は衰退していきます。

「続編」や「リメイク」の企画もこれと近いものだと言えます。人気のある作品がシリーズ化され、続編がたくさん出ること自体は悪いことではありません。実際、売上が見込め、ビジネスとして成功する確率は高いため、企画も通りやすいです。ただ、限られたシリーズものばかりになるのも、市場にとってはあまりよいことではありません。やはり、新規のオリジナルタイトルでヒットが出てこそ、新規ユーザーも生まれ、市場が活性化します。

プランナー的企画

プランナー的企画は、**今までにない新しいゲームを提示するような企画**です。

最も求められる、真に価値のある企画が、この「プランナー的企画」です。プランナー的企画を生み出すには、いわゆる発想力や企画力が求められます。

今までにない新しいゲームのアイデアを考えつき、ゲーム企画としてまとめ上げるだけでも大変です。しかも、それを上司に理解してもらい、かつ売上の予測が立たない状態で企画を通すのはとても難しいことです。

実際の現場ではプランナー的企画を前面に押し出すだけでは通しづらいため、プロデューサーが「座組みの企画」で補強する、市場の動向を分析して売上への仮説をたてるなどして企画会議に臨みます。プランナーは、まずは補強に値するプランナー的企画を目指します。

この章では、このプランナー的企画を真の「企画」として扱い、どのようにして生み出していくのかを解説していきたいと思います。

[*3] アナリスト的企画といっても、プランナーやプロデューサーが立てています。実際にアナリスト（市場分析者）がいるわけではなく、まるでアナリストが立てたような市場を分析した企画という比喩としてとらえてください。

> **まとめ**
> **01** 「企画」はゲーム制作の全てのスタートを担う重要なものである。
> **02** 企画には「プロデューサー的」、「アナリスト的」、「プランナー的」企画がある。
> **03** 最も価値のあるのはプランナー的企画である。

COLUMN　プランナー的企画の難しさ

　本書では否定こそしませんが、プロデューサー的、アナリスト的企画についてはややネガティブな紹介をしました。どちらも何か「新しい」ものを生み出しているわけではなく、決してクリエイティブな企画ではないからです。ですが、世の中に溢れるゲームの大半が、プロデューサー的、アナリスト的な企画であるのも事実です。これはちょっと寂しいことです。
　ただ、新しいコンセプトを持った「プランナー的企画」を生み出すことは容易ではありません。本書でもアイデア出し、企画立案の段取りを取り上げていますが、あくまで道筋を示しただけで、必ず素晴らしいゴールにたどり着けるわけではありません。「プランナー的企画」のアイデアを出せる人は、ゴールにたどり着くまで「考え続ける」ことができる人です。皆さんにもぜひ、粘り強く考え続けるプランナーになって、「プランナー的企画」を勝ち取っていただきたいです。

03
02 アイデア→コンセプト

ゲーム制作のスタートとなる「企画」は**今までにないゲームを提示するような企画＝プランナー的企画**が理想です。では、プランナー的企画を生み出すにはどうしたら良いのでしょうか？

プランナー的企画を支えるのは、「**アイデア**」と「**コンセプト**」です。アイデアとコンセプトは非常に似た言葉で、使う人、状況などによって混同されることが多い言葉でもあります。本書では以下のように定義します[*4]。

アイデア　＝ちょっとした思いつき
コンセプト＝何かを作る（行う）時に目指す方針

ゲームの企画において、より具体的に言うと以下のようになります。

アイデア　＝ゲーム企画の着想を得る「とっかかり」となる考え
コンセプト＝企画するゲームが目指す具体的な方針

いくつか実例を挙げてみます。

● **モンスターハンター**
　アイデア：友達とワイワイ協力するゲームを作れないか
　コンセプト：通信で友達と協力して巨大なモンスターを狩るACTゲーム

● **メタルギア**
　アイデア：「かくれんぼ」のドキドキをゲーム化できないか
　コンセプト：敵地に単独潜入し敵に見つからないように進むACTゲーム

[*4] あくまでこの本の便宜上の定義で絶対的なものではありません。

●スプラトゥーン
アイデア：子供も安心して遊べる対戦シューターを作れないか？
コンセプト：ペンキを発射する水鉄砲でステージを自分の色に塗るTPS

いくつかアイデアとコンセプトの例を挙げてみました。例に出した作品はいずれも**今までにないゲームを世の中に提示する「プランナー的企画」**であり、市場に大きなインパクトを与えた名作ばかりです。これらの名作も「アイデア」と「コンセプト」がもとになって作られていることが分かると思います。

図2　アイデアをコンセプトにする

例に挙げたアイデアとコンセプトを見比べてみると、「アイデア」はそのゲームの着想の根本ではありますが、まだ曖昧でハッキリとした形になっていないのに比べ、「コンセプト」はそのアイデアをより洗練させ、「ゲームの方針」にまで昇華させた言葉となっていることに気付くと思います（人によってここで言う「アイデア」をコンセプト、「コンセプト」をゲーム概要と呼ぶ人もいますが、呼び方の違いで概念は同じと思ってください）。

企画の作業は、この企画のとっかかりとなる**アイデアを探し**、探し出したアイデアをゲームとして具体化し、ゲームシステムの方針である**コンセプトにまで高める作業**だと言えます。アイデアの出し方は後の節で解説しますが、それほど難しいことではなく、むしろ大量に出すことができます。ただそのアイデアからシステムを構築し、ゲームのルールを作り出し、世界観を重ねシッカリとしたコンセプトに仕上げるのはかなり困難な道のりです。少しも誇張することなく美しいコンセプトがまとまり、良いゲーム企画が生まれるのは100個のアイデアから1つあるか無いかという世界です。

ゲームにまとめる＝コンセプト化する作業には、ゲームの構成に関する知識が不可欠です。突飛なアイデアは豊富なゲームの知識が無ければゲームの形(コンセプト)になりません。第2章でまとめたゲームの「面白さ」を理解し、様々な新たなアイデアをその面白さに重ねていき、最終的なコンセプトに仕上げていきます。

コンセプトが優れたゲームは、「売れる」というデータが無くても企画会議でGOとなり、市場でも好意的に迎えられヒットに繋がります。ただ、本当に優れたコンセプトは、そう簡単には生まれません。プランナーは、理想的なコンセプトを求めて、常日頃からアイデアを探し、コンセプトに組み立てる作業を怠らないようにしなければなりません。

　次の節から、アイデアとは何か、またアイデアの出し方について詳しく見ていきます。

> **まとめ**
>
> **01** プランナー的企画はアイデアを高めた「コンセプト」で成り立っている。
> **02** 優れたオリジナルゲームは優れたコンセプトを持っている。
> **03** アイデアをコンセプトに高めるにはゲームの「面白さ」の知識が必須である。

03 ゲームのアイデアとは？

　企画の着想を得るとっかかりとなるものが「アイデア」であり、さらにそれを**ゲーム作品が目指す具体的な方針にまで昇華させたもの**が「コンセプト」です。

　全ては「アイデア」からスタートし、それをゲームの知識を駆使してルール化、システム化し、世界観やキャラクターで形を整え、ゲームの原型となる企画に仕上げていきます。

図3　アイデア、コンセプト、企画

　では、全ての大元となる「アイデア」とはそもそもどういったものなのでしょうか？

アイデアとは何か？

　アイデアとはそもそも何でしょうか？「ゼロから何かを考え、生み出すこと」、ひょっとするとそのように考えている人も多いかもしれません。

　ですが、実はこの考え方は誤解です。「ゼロから何かを生み出せ」そう言われた瞬間、何も考えられない思考停止の状態に陥ってしまいませんか？　何もとっかかりとなるものが無いゼロの状態なんですから、それが当たり前です。アイデア出しを「ゼロをイチ」にする作業と考えてしまうと、何も前に進まなくなります。

　アメリカの広告界の実業家、ジェームス・W・ヤングは、その著書「アイデアのつくり方[*5]」で、以下のように唱えています。

> アイデアとは既存の要素の新しい組み合わせ以外の何ものでもない。

　ゲームのアイデアにも同様のことが言えます。すぐれたゲームはすべて、既存の要素の新しい

[*5]「アイデアの作り方（ジェームス・W・ヤング著　今井 茂雄訳　1988年　CCCメディアハウス）」、28ページより引用。

組み合わせからできています。ゼロから何かを生み出しているのではありません。

　名作ゲームのアイデアが、どのような組み合わせから生まれたのか読み取ってみましょう。

モンスターハンター	友達と協力×ACTゲーム
メタルギア	かくれんぼ×ACTゲーム
ポケットモンスター	虫取り×RPG
イングレス	GPS×ソーシャルゲーム
スプラトゥーン	子ども向け×TPS

図4　「パズル&ドラゴンズ」のアイデアを読み解く

© GungHo Online Entertainment, Inc.
All Rights Reserved.
画像提供：ガンホー・オンライン・エンターテイメント株式会社

パズル&ドラゴンズは……

**カードRPG
×
パズルゲーム**

の組み合わせ

　いかがでしょうか？　名だたる名作のアイデアも、実は「既存の概念」と「既存のゲームジャンル」を組み合わせたものです（「パズル&ドラゴンズ」は「ゲームジャンル」と「ゲームジャンル」の組み合わせ）。ゼロから何かを生み出したわけではないことが分かると思います。

　この組み合わせを成立させるために、考え、工夫する過程で、そのゲームならではのゲームシステムが生まれてきます。「ポケットモンスター」を例にすると、次の図のようなイメージです。

図5 ポケットモンスターのアイデアの構図

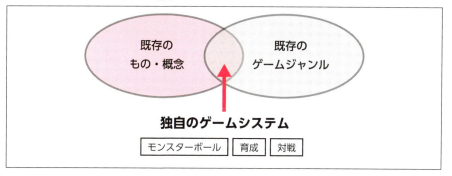

ゲームのアイデアを考えるとき、この図をイメージしてください。既存のゲームジャンルと何か新しい別のものの組み合わせから名作が生まれる可能性があります。この際、ゲームジャンルの面白さを理解しておくことがアイデアをゲームに昇華させる力になります。

組み合わせる何か

ゲームジャンルと組み合わせる「何か」はどういったものが良いのでしょうか？理想は以下の2つのどちらかを満たすことです。

　①「面白そう」と思わせることができるもの
　②新しいゲームシステムを生み出せるもの

「面白そう」と思わせることができる……というのは非常に大事なことです。世の中に数多くのゲームがある中で、自分たちが作ったゲームを遊んでもらうには「面白そう」と思ってもらう必要があります。つまり、プレイする前から「**このゲームは何か特別だぞ**」と思ってもらわないといけません。ありきたりのものを組み合わせても特別とは思ってもらえません。「ポケットモンスター」はRPGと虫取りを組み合わせました[*6]。コンセプトに磨き上げる際に虫はポケモンという想像上の生物に変わりましたが、生き物を捕まえてそれを仲間にするという虫取りから生まれた基本のアイデアは多くの人を魅了しました。

「新しいゲームシステム」を生み出すには、ありきたりのものを組み合わせても上手くいきません。今までのゲームでは扱っていないようなものを組み合わせることで、それをゲームとして成立させるための工夫が生まれ、その工夫が新しいシステムを生み出します。「メタルギア」は

[*6] 開発者の田尻智氏が虫取り少年だった点については『田尻 智 ポケモンを創った男（宮昌太郎・田尻智著　2009年　メディアファクトリー）』などで紹介されています。コンセプトからの磨き上げの過程などは一部筆者の想像によるものです。

かくれんぼとアクションゲームを組み合わせました。「敵に見つからないように進む」という独自のルールを成立させるために、敵に「視界」「聴覚」を持たせたり、ダンボールに隠れる……等、数々の斬新なシステムを生み出しました。新しいシステムが生まれると、プレイヤーに「新しい経験」を与えることができます。

　新しいゲームを生み出すアイデアについて、大まかな概念は理解してもらえたかと思います。数あるゲームの中で個性を発揮できるように、既存のゲームにはない新しいものをゲームに組み合わせましょう。未経験の人に「これは面白そうだ」と思わせ、プレイした時には「これは新鮮な体験だ」と感じてもらうことができるような新しいシステムを盛り込めることが理想です。
　次の節では、アイデアがどのように生まれるのかを考えていきたいと思います。

まとめ

01 アイデアとは既存のものと既存のものの新しい組み合わせである。
02 ゲームの場合、その一つは既存のゲームジャンルである。
03 ありきたりでない新しい何かをゲームジャンルと組み合わせ「面白そう」と思わせ、新システムを生み出すことが理想である。

04 アイデアはどこから来るか？

ゲームのアイデアは、**既存の何かと既存のゲームジャンルの組み合わせ**から生まれます。その何かは**「ありきたりでない」もの**であることが求められています。

ありきたりでないものはどうやって思いつけばいいのでしょうか？「アイデアが思いつかない」というのは皆さんも日々苦しんでいる部分のはずです。この節では、アイデアが生まれる仕組みを考えていきたいと思います。

アイデアが生まれる瞬間

クリエイターのインタビュー記事でよく見かける問答で以下のようなものがあります。

「どうやってこのようなアイデアを思いついたんですか？」
「いや、風呂に入ってる時にふと思いついたんですよ」
「え、お風呂ですか？」
「ええ、風呂です（笑）」

ゲームに限らず、様々なジャンルでクリエイターはアイデアが生まれた瞬間をこんな風に説明します。ジーッと机にかじりついているときではなく、むしろリラックスしているときにアイデアが出ているというのです。他にも「ぼーっと車を運転してるとき」とか「夜寝る前にふと」とか「散歩してると思いつきやすい」といった回答も見られます。本当にこんな瞬間に思いつくのでしょうか？かっこつけて回答しているだけにも思えます。

信じられないかもしれませんが、これらのタイミングでアイデアを思いつくというのは、クリエイター内では広く支持されている経験則です[7]。スティーブ・ジョブズが散歩を好み、散歩中にアイデアを思い付くことが多いという逸話も知られています[8]。上記で例に挙げたタイミングで共通しているのは、全て「リラックス」しているときです。ゴロゴロとリラックスしていれば

---

[7] アイデアを思いつくのはバス（bus）、ベッド（bed）、風呂（bath）の3つのリラックスできる場所だという3Bの法則とよばれるノウハウが知られています。似たものに、中国で提唱された三上（さんじょう）があります。これは馬上、枕上（寝る前のこと）、厠上（トイレ中）にいいアイデアを思いつくという法則です。リラックス中にこそすばらしいアイデアがでるという法則は広く支持されています。

[8] 「CNN.co.jp：会議を効率化するためには、歩け！『散歩ミーティング』が静かなブーム -（1/3）https://www.cnn.co.jp/business/35030256.html」他で触れられています。

良いアイデアを思いつけるなんて最高だと思いませんか？

ひたすら考えた人にだけそれは訪れる

「アイデアはリラックスしてる時に思いつく」、こんな夢のようなことが起きるにはただ待っているだけではいけません。以下の条件を満たす必要があります。

① 普段からひたすらアイデアを考えている
② ゲームの情報、それ以外の情報をたくさんインプットする
③ ①②を満たした上でリラックスすると②で集めた情報をゲームと組み合わせたアイデアを脳が勝手に思いつく（ことがある）

①の「普段からひたすらアイデアを考える」を行うことで、脳に、「アイデアを出さないとマズイ」と刷り込むことができます。人間の脳というのは非常によくできていて、普段から常に考え続けていることは本人が意識的に考えなくても、無意識化で脳が勝手に考えてくれるようになるようなのです。私はこれを「ゲーム作る脳」と呼んでいます。まずは、この「ゲーム作る脳」を作ることが最初のステップです。

図6 STEP1:「ゲーム作る脳」を作ろう

ひたすらアイデアを考えると
脳が無意識に考えてくれるようになる

②の「様々な情報をインプットする」は「ゲーム以外」の情報も含め、脳に様々な情報をインプットすることが重要です。一見、ゲームには無関係なものでも、ドンドン知識を吸収しましょう。ずっとゲームのアイデアを求める脳になっていれば、その知識に触れた瞬間にアイデアとなることもあります。また、その知識を得た瞬間にはゲームのアイデアにならなくても、たくさん知識をストックしておくと、いくつかの知識が結びついてゲームになることもあります。ゲーム以外のことにも常にアンテナを張り、様々な知識を吸収する癖をつけましょう。

図7 STEP2：ゲームの種となる情報をインプット

ゲームはもちろん、様々な知識を脳にインプットする

①と②を満たした状態でリラックスしていると、自分の意志とは関係なく、「無意識」下で脳がアイデア出しをしてくれることがあります。よく「降りてきた」とか、「ひらめいた」と表現される現象です。

図8 「組み合わせ」のイメージ

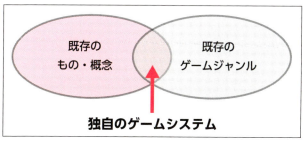

この図の「既存のもの・概念」に当たる部分に、②でストックされた知識を次々に当てはめる作業を脳が勝手にやってくれるのです。「無意識」下であることがミソです。なまじゲームの知識のある人が自分で考えると常識にとらわれてしまい、突飛な発想というのは生まれづらいのですが、無意識下の脳はそんな常識はお構いなしに何でも試してくれるので、ありきたりでない非凡なアイデアが生まれやすいのです。そして、その中でピンと来るものがあれば、「スゲーのひらめいた！俺、天才！」という状態になるのです。

「ゲーム作る脳」の作り方

リラックスしているとアイデアが生まれる……ひどく楽なように思えますが、その準備段階である①と②の努力の賜物であることを忘れてはいけません。また、それがいいアイデアかどうかというのはゲームの知識を持っていないと確信が持てないものです。

アイデアというと、センスとか天賦の才とか、生まれつきの感覚のようなもので語られがちですが、そんな安易な言葉で片付けてはいけません。常にアイデアを考える、情報収集を怠らない、ゲームの知識も豊富に学んでいる、という「努力」がセンスを作るのです。「俺は才能無いから……」などと甘えてはいけません。それは単なる怠慢です。

読書、ネット上の情報、映画、TV等々、様々なものに触れることで情報をインプットすることが可能です。「これゲームにならないかな……」と常に考えながら情報に触れるとより効果的

です。また、ゲームの知識は、第2章で書いたことを意識し、「面白さ」メモを取りながら多くのプロのゲームを触ることで身に付けることができます。

常にゲームのことを考える「ゲーム作る脳」の作り方を紹介します。
筆者が働いていたゲーム会社では入社1年目の新人に「アイデアノート」を書かせていました。ノート自体は普通の大学ノートなのですが、以下のルールが定められています。

- 必ず1日1ページ、ゲームについてのアイデアを書く
- 1本のゲーム企画でも、キャラクターに関するアイデアのような小ネタでも構わない
- 人に見せることを意識して絵などを入れ分かりやすく書く
- 書いたアイデアは毎日先輩がチェックする
- これを1年間続ける

ゲーム会社なので、ゲームのアイデアをいくつか持っている新人が集まっています。最初は楽しくポンポンとアイデアを書けたりするのですが、1週間、2週間もしてくると、手持ちのアイデアが無くなり、書くことに困るようになっていきます。

1ヵ月も経たないうちに、ほとんどの新人が「やべー、何も浮かばねー」という状態になります。ですが、毎日書かないと先輩にこっぴどく怒られるので、「ヤバい、ヤバい」と言いながらネットニュースを見たり、雑誌を読んだりして、何とか毎日1つはゲームのアイデアを出すことをこなしていきます。ときには「これ、どう考えてもクソゲーだよな……」みたいなアイデアを忸怩たる思いで書くこともあります。

「なんでこんなことやらされるんだろう」と逃げ出したくなることもありますが、この「アイデアノート」を続けることで、常にゲームのことを考えるようになり、1年も経つと、何を見てもゲームに結びつけて考えることが習慣化された「ゲーム作る脳」が完成しているという訳です。

アイデアを出す力を身に付けたいなら、「アイデアノート」を習慣化するのは本当にオススメです。「ゲーム作る脳」を身に付け、いつか「天才」と呼ばれるための第一歩でもありますし、本当にすぐれた大ヒットするアイデアがアイデアノートの1ページから生まれる可能性もあるのですから。

まとめ

01 アイデアを考え続ける「ゲーム作る脳」を身に付けよう。
02 そのうえで知識を蓄えることで脳が突飛なアイデアを生んでくれる。
03 「アイデアノート」で「ゲーム作る脳」を作ることができる。

03-05 発想法を利用する

アイデアは努力している人の脳がリラックスしているとき、勝手に作り出されることがあります。

では、アイデアを得るためにはとにかくアイデアを考え続け「ゲーム作る脳」を獲得し、様々な知識を得て、あとはボーっとリラックスしていればいいのでしょうか？ 残念ながら、このやり方には大きな問題が一つあります。それは「いつアイデアが生まれるか分からない」ということです。

多くの場合、アイデアを求められる現場、つまりゲーム制作の現場には締め切りがあります。極端な現場だと、「明日の午前のミーティングまでにアイデア10個考えといて」なんて言われることもあります。そんな状況でリラックスしてアイデアが出るのを待つ……なんてことはできません。そんな時に役に立つのがアイデアを生み出すための**発想法**です。

常識を外すための発想法

「ゲーム作る脳」が生み出すアイデアは、無意識下で脳が勝手に生み出してくれます。無意識だからこそ「常識」にとらわれない、「非常識」で斬新なアイデアが生まれやすくなります。

意識的に「ゲームのアイデアを出すぞ」と意気込めば意気込むほど、「ゲーム」の枠組みから考えてしまい、ゲームの「常識」にとどまった「ありきたり」のアイデアしか出てこなくなります。**「常識」は斬新なアイデアを生み出すときの大きな障壁**だとも言えます。

発想法にはいくつか種類がありますが、そのほとんどが、この「常識」を外すための手段となっています。フレームワーク[*9]に沿って考えることで、常識を外した新しいアイデアが生まれます。では、いくつか発想法を紹介していきます。

オズボーンのチェックリスト

「オズボーンのチェックリスト」は、アメリカの実業家アレックス・オズボーンが考案したもので、発想法の中でも特に有名なものです。チェックリストにある質問の回答を考える形で強制

[*9] 考え方の構造、枠組みのこと。

的にアイデアを生み出す方法です。ゲームのアイデアを考えるなら、ゲームをテーマにして質問に答えていきます。質問のリストは以下のようなものです。

転用：「新しい使い道はないか？他の使い道はないか？」
　　　→家庭用ゲームのジャンルをスマートフォンに転用
応用：「似たものがないか？何かの真似はできないか？」
　　　→ビートマニア（DJの真似）、電車でGo！（電車の運転士の真似）
変更：「形式や意味を変えてみたらどうか？」
　　　→スプラトゥーン（戦争ものが多いTPSを形式を変えて子供向けに）
拡大：「より大きく、強く、高く、長く……してみたらどうか？」
　　　→弾幕STG（弾の量を極端に多くしてみた）＊10
縮小：「より小さく、軽く、弱く、短く……してみたらどうか？」
　　　→メイドインワリオ（制限時間を極端に短くしてみた）
代用：「人、モノ、素材、ジャンルを変えてみたらどうか？」
　　　→ディノクライシス（バイオハザードの敵を恐竜に変えた）＊11
再利用：「要素、形、機能、順番を変えてみたらどうか？」
　　　→ギターフリークス（ビートマニアのシステムの再利用）
逆転：「反転、上下、役割を変えてみたらどうか？」
　　　→メタルギア（敵を倒さずに進むという逆転の発想）
結合：「他のものと結び付けてみたらどうか？」
　　　→パズドラ（パズルとカードRPGの結合）

あらかじめ用意された質問に強制的に答えることで、「常識」から離れたアイデアを生み出す発想法です。「ゲーム」という漠然とした言葉より、具体的なタイトルやジャンルと絡めて考えてみるとより具体的なアイデアとしてまとまりやすいかもしれません。

キーワード先行の発想法

キーワード先行型の発想法もあります。言葉を組み合わせ、先にアイデアを言語化、文章化し、その後でゲームの中身を考えるやり方です。ゲームの中身から考えるわけではないので、「常識」から外れた「アイデアの素」がたくさん生まれます。

＊10 弾幕STGとは大量の弾（弾幕）をよけることを組み込んだシューティングゲームの一ジャンル、ケイブ開発の首領蜂シリーズ、同人ゲーム（上海アリス幻樂団）の東方Projectなどが有名。
＊11 ディノクライシスはカプコンのサバイバルホラー、シューティングゲームでシリーズ化もされてます。

●ランダムワード発想法

ランダムな単語を「ゲーム」や各ゲームジャンルとかけ合わせて、新しいアイデアを生み出す発想法です。以下の図の㋐の部分に無作為に言葉を入れていき、その言葉からアイデアを連想します。

図9　ランダムワード発想法

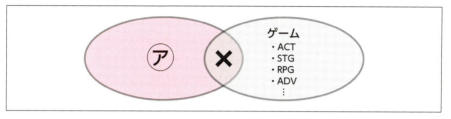

例えば次のようなものです。

　　　　　犬　×　RPG
　　　　　言葉　×　STG（シューティング）
　　　　　旅　×　SLG（シミュレーション）
　　　　　本　×　ACT（アクション）

　まず適当な言葉とゲームジャンルを組み合わせます。そしてその組み合わせから内容を考えます。「『本のACT』ってどんなだろう……、絵本の世界で遊ぶACT？プレイヤーキャラクターが本だったら？本がプレイヤーキャラクターだったらどんなアクションするだろう……？」と発想を膨らませるわけです。

　「03-03　アイデアとは何か」で、ゲームのアイデアは、「既存のもの・概念」と各ゲームジャンルの組み合わせであると話しましたが、それをランダムに単語を選んで強制的に作り出していくわけです。

　図を見て気づいたかもしれませんが、これは「ゲーム作る脳」がやっていたこととほぼ同じです。言ってみれば無意識下で「ゲーム作る脳」が行っている処理を人工的に再現するわけです。「ゲーム作る脳」がやるように、ゲームのことは意識せず、無意識で無作為な言葉を当てはめてみることが大事です。

　元バンダイナムコ株式会社でおもちゃの企画をしていた高橋晋平氏は、この無作為なキーワードを「しりとり」で獲得するという「しりとり発想法」を提唱しています[*12]。キーワードの獲得のやり方は、しりとりでも、辞書を適当に開いたページに出ていた言葉でも、電車の中吊り広告で目に入った言葉でも何でも構いません。色んな言葉を当てはめて、たくさんのゲームを連想し

[*12] TED（https://www.ted.com）で行った講演『新しいアイデアの作り方』（https://www.ted.com/talks/shimpei_takahashi_play_this_game_to_come_up_with_original_idea）はとても面白いので、ぜひ一度視聴してみてください。

てみてください。

●EMS フレームワーク

EMS（手段目的構造）フレームワーク[13][14]は、元バンダイナムコでゲーム部門のプロデューサー[15]をされていた中村隆之氏が提唱する発想法です。「ランダムワード発想法」をより具体的な文章にしてゲーム企画として精度を高めたものだと言えます。

「●●を□□して（手段）、××を△△する（目的）ゲーム」

この文章の各部分を埋めることで、そのままゲームの構造（手段と目的）を持つアイデアとなります。そもそもほとんどのゲームがこのフレームワークに沿った文章で表現することができます。以下は中村氏が自身のブログで紹介した例を参照したものです。

- 文字を並べて（手段）、言葉を作る（目的）ゲーム＝もじぴったん
- 塊を転がして（手段）、塊を大きくする（目的）ゲーム＝塊魂
- パズルを連鎖させて（手段）、ドラゴンを倒す（目的）ゲーム＝パズル＆ドラゴンズ

ゲームというものを単純に表現すると、手段（システム）を使って目的を達する（クリアする）ことなので、そこを任意の言葉で埋めることで、そのまま新しいゲームのアイデアとなるという非常に合理的な発想法です。

発想法の注意点

さて、アイデア出しのカンフル剤とも言うべき「発想法」について解説し、特に有用なものを紹介しました。

何のとっかかりも無くアイデアを出せと言われるよりは、随分、アイデアを出しやすくなると思います。ただ、発想法も万能なものではありません。アイデアを量産するためには非常に有効ですが、必ずしもその精度が高いわけではないからです。ランダムワード発想法に至っては、ほとんどの案を捨てることになります。とにかく数を出して、100個、200個の石ころの中からたった1つの宝石を見つけ出すような作業になることを覚悟してください。

また、面白そうな組み合わせが出ても、それをゲームとして構成する作業はいずれにしろ必要です。「本×ACT」という組み合わせからゲーム企画にたどり着ける人、たどり着けない人が出

---

[13] http://pdblog.play-app-lab.com/?p=540
[14] 「ゲームアクションの手段目的構造を用いたゲームアイデア発想ワークショップ（中村 隆之）、日本デジタルゲーム学会 2015年 年次大会 予稿集 p.13-p.16」 URL: http://digrajapan.org/conf2015/digraj_conf2015_proc.pdf も参照。
[15] 「ことばのパズルもじぴったん」シリーズプロデューサー。

てきます。これは構成力の差です。構成力はゲームの知識、言わば「ゲームの常識」を知ることで身に付きます。発想法で「常識を外して」生まれた突飛なアイデアを、ゲームの知識という「常識を使って」地に足の着いたゲーム企画に落ち着ける。これが新しいゲームの企画の基本です。

以下、発想法の精度を上げるためのコツをいくつか紹介します。

●とにかく数を出す

発想法で出た案の99%は使い物にならないので、とにかく数を出しましょう。100個、200個は出さないと使い物になるものは見つかりません。

●複数人でアイデアを出し合う（ブレインストーミング）

複数人でアイデアを出し合ってみましょう。人のアイデアを聞くことは、自分の常識を壊すきっかけになります。人のアイデアを否定せず、自分のアイデアを上乗せし、ドンドン飛躍させるのがコツです。一人ではたどり着けないアイデアにたどり着けることがあります。人に意見を言うことが恥ずかしい、パクられないか不安、叩かれるのが怖い……など、ちょっとネガティブになることもあるかもしれませんが、間違いなく得られるものの方が多いです。「何でも言っていい」という雰囲気作りも大切です。

●粘って粘ってまとめる

発想法で出たアイデアは、「ちょっとした思いつき」という状態です。ゲームとして成立するコンセプトにまで磨き上げるのはなかなか大変です。「これはイケそう」というアイデアが浮かんだら、簡単にあきらめず粘って粘ってゲームコンセプトにまで磨き上げましょう。

●まとまらないときはまとまらない

とは言え、どんなに魅力的に見えるアイデアもまとまらないときはまとまりません。粘って粘って考えてもコンセプトにまとまらないときは、一旦アイデアノートの片隅にでもメモして、次のアイデア出しに移りましょう。「ゲーム作る脳」が覚えていて、何か別の要素と組み合わせて完璧なアイデアにしてくれる時がくるかもしれません。

まとめ

01 「発想法」はアイデアを大量に出すのに有効である。
02 「発想法」で出たアイデアは精度が低いので大量に出すことが重要である。
03 アイデアをゲームコンセプトにまで磨くには結局ゲームの知識が重要である。

03 06 大喜利熟考法

ゲームのアイデアを生み出すやり方として、筆者自身がよく行っていた「大喜利熟考法」を紹介します。自分自身がどのように企画を考えていたか、そのプロセスを整理して、無理やり名前を付けたものです。

「大喜利」とは、出されたお題について面白い答えを出して競い合う演芸の手法です。「笑点」や「IPPONグランプリ」などテレビのバラエティ番組でお馴染みですよね。

大喜利熟考法は大喜利と同じようにお題を設定し、それに対して面白いアイデアを出していく手法です。

発想法が、(常識を排除するためにあえて) 深く考えずに言葉を並べてみて、そこからゲームを考えるのに対して、大喜利熟考法は最初からお題について深く「熟考」します。そのため、発想法とは違いポンポンとはアイデアは出てきません。ただ、考え続けることで、無意識で問題を処理してくれる「ゲーム作る脳」が解決してくれる場合もあります。お題の狙いが良ければ、その答えであるアイデアは極めて有用なものであることが多いです。

大喜利は「お題」が9割

「大喜利熟考法」は、まず熟考するテーマ、お題を考えるところからスタートします。「大喜利」の答えの面白さを引き出すのは、実はお題の良し悪しが大きく影響するのと同じで、「大喜利熟考法」もお題がとても重要です。

いくつか、お題の例を挙げてみます。

- 今までに無い「協力プレイ」を考えてみる
- スマホの「自撮り棒」を利用したゲームが作れないか？
- ゲームの敵の定番であるゾンビを進化させられないか？
- 映画のイケてる1シーンをゲームにできないか？
- 映像、音、振動以外の出力があるゲームが作れないか？
- メタボ解消を実現するゲームが作れないか？

これらのお題に「なるほど」と思える面白い答えが出せたら、それはかなり精度の高いアイデアのはずです。

お題の考え方の例をいくつか紹介します。

●願望を「お題」にする

ヤマザキ（山崎製パン）の「メロンパンの皮焼いちゃいました。」という商品をご存知でしょうか？メロンパンの甘い「皮」の部分だけを商品化して、コンビニを中心に大ヒットしました。また、甘栗むいちゃいました（クラシエ）という、甘栗の皮をむいた状態で販売した大ヒット商品もありました。

この2つのヒット商品に共通しているのは願望の具現化です。

「メロンパンのサクッとした皮の部分だけを食べてみたい！」という願望、「甘栗の皮むきは面倒！皮が無ければいいのに！」という不満、既存商品に対しての「願望」を具体的に商品化することで大ヒットしました。

図10　メロンパンの皮焼いちゃいました。はSNSで話題に、シリーズ商品も制作された

画像提供：山崎製パン株式会社

同じことをゲームで考えてみましょう。ゲームをやっていて「この要素だけもっと深く取り上げても面白いかも」「もっとこの部分が○○だったらいいのにな」という願望を持つことはありませんか？　あるいは「△△は好きだけどここだけスピード感に欠ける」といったような不満に思っていることでもいいです。

例えば「ゲームをやっている時間って孤独だ」「対戦以外で複数人で楽しめるゲームはないのか？」という不満が、「みんなでワイワイゲームを楽しみたい」という願望になり、「モンスターハンター」の協力プレイを生み出しました（筆者の推測ですが）。

個人（あなた）が願望として抱くことは、多くの場合、その他大勢の人にとっても願望であることが多いものです。その願望に対する鮮やかな解決法を見つければ、多くの人を惹きつけるアイデアになります。まずは自分の願望を探し、そこからお題を見つけ出しましょう。

願望から生まれる「お題」の例

- RPGのレベル上げをせずに楽しみたい
    - →レベル上げを自動化できないか？その面白いシステムは？
- 格闘ゲームの攻撃のコマンド入力がもっと簡単だったらいいのに
    - →コマンド入力を何か別のものに置き換えられないか？

● 新しい技術から考える

　日進月歩、世の中にはドンドン新しい技術が生み出されています。ゲームは新しい技術を貪欲に取り込んで発展してきました。この本を書いている現在はVR（仮想現実）、AR（拡張現実）が大きく取り上げられ、「PlayStation VR」や、「ポケモンGO!」などがゲームの世界を賑やかしています。

　新しい技術は、それ自体が既に「常識」をブレイクスルーしています。そのため、その技術をうまくゲームに取り込むだけで魅力的な企画となります。最新の技術に常に興味を持ち、ゲームへの使い道を考えましょう。また、既に存在する技術でまだゲームに使われていない技術を探してみたり、既にゲームに使われている技術でも、別の使い道が無いかを考えたりしてみましょう。その際、誰もが考える使い道ではなく、より工夫された使い方を考えてみましょう。

　2004年にコナミから発売された「ボクらの太陽」は、「太陽センサー」というそれまでゲームに使われなかったセンサーを使い、「本物の太陽光をエネルギーとしてバンパイアと戦うRPG」という斬新なコンセプトでヒットしました。新しい技術を、ゲームの中でうまく消化し、遊びと世界観に直結させているところが見事です。

図11　新しい技術で生まれるゲームがある

「PlayStation VR」

©Sony Interactive Entertainment Inc. All rights reserved. Design and specifications are subject to change without notice.

図12　太陽センサーという新しい技術を取り入れた「ボクらの太陽」

©Konami Digital Entertainment

また、「PlayStation VR」の発売と同時にリリースされた「サマーレッスン」もVRで「現代を舞台にキャラクターとコミュニケーションが取れる」というアイデアで注目を集めました。多くのVR対応のゲームが、ファンタジー世界や宇宙空間、戦場など、いかにもゲームでありそうな空間の再現を主眼としている中で、このアイデアは異質で「いかにも日本」ということで世界からも注目を集めることに成功しました。

図13　オリジナリティのあるVRゲームとなった「サマーレッスン」

©BANDAI NAMCO Entertainment Inc.

新しい技術、ゲームに使われてない技術、既存の技術の新しい使い道を探し出し、工夫した形でゲームに取り入れる、そんなお題を設定し、アイデアを考えてみましょう。

技術から生まれる「お題」の例

- スマホに内蔵されてるセンサーの新しいゲームの使い道は無いか
  →ジャイロセンサーで「動かしてはいけない」ゲームは作れないか？
- 表情認識をゲームに使えないか
  →表情で操作するアクションゲームは作れないか？

● その他、様々な情報をネタに「お題」を作る

　お題のネタはそこここに転がっています。ゲーム業界だけでなく、世の中の動きにも常に注目し、ゲームに使えそうなお題を拾い集めましょう。

　面白い映画を見たら、「あのワンシーンをゲーム化できないだろうか？」というお題が生まれます。映画やアニメ、マンガは面白そうなシチュエーションの宝庫です。あの興奮や感動、恐怖をゲームで再現するにはどうすればよいかを考えましょう。

　ニュースで日本で高齢化が進んでいるというニュースを見たら、「お年寄り向けのゲームは作れないか？」というお題が出来上がります。少子化のニュースを見て、「ゲームで男女の出会いをサポートできないか？」というお題が生まれます。社会問題は多くの人が抱えている「不満」です。もしそこに一石を投じる企画ができたら、大きな注目を集めるでしょう。

　自撮り棒で自撮りしている人を見かけたら、「自撮り棒を使ったゲームができないか？」というお題が生まれます。SNSに写真をアップすることが当たり前の時代ですが、「写真を使ったゲームはできないだろうか？」というお題が生まれます。

　お題はすぐに答えが見つからなくても構いません。ただ、お題になるような情報を常に探し続け、お題にたどり着いたら考え続けることが大事です。いつか全く関係ない他の情報に触れた時に、その情報と結びついて気持ちのいい解決策（＝アイデア）が見つかるかもしれません。それこそリラックスしているときに「ゲーム考える脳」が解決してくれる可能性もあります。解決し

た時点で何らかの意味のあるお題であれば、解決のアイデアが「使える」アイデアである可能性が高いです。「発想法」のようにポンポンと数が出るわけではありませんが、アイデアにたどり着けば精度の高いものである確率が高い考え方なのです。

まとめ

01 アイデアの考え方として「大喜利熟考法」もある。
02 大喜利熟考法は「お題」を見つけ出し、そのお題についてじっくり考える方法である。
03 常に「お題」を探し、考え続けることが大事である。

COLUMN　問題解決＝商品企画

「メロンパンの皮焼いちゃいました。」「甘栗むいちゃいました」の例もあげましたが、願望や問題を解決することは、ゲームに限らず商品開発や企画のもとになります。ちょっとしたアイデアグッズなどで「そうそう、これが欲しかった！」「これめっちゃ賢いやん！」と思わされることはありませんか？　「必要は発明の母」という言葉もあります。普段から「なんでこれはこんなに不便なんだ」と、問題意識を持つことを心がけましょう。そしてその解決方法を考えることは、たとえゲームとは関係なくても企画の訓練になります。ちょっと「イラっ」とすることがあったら、それはネタ出しのチャンスでもあるわけです。

　筆者はカレーライスの最後の2、3粒のお米をスプーンですくいやすいように、米粒ストッパーのついたカレー皿がほしいです。

03-07 アイデア出しのゴール

本章では、アイデアとは何か、また、アイデアの出し方について書いてきました。大まかにまとめると以下の通りです。

- ゲームアイデアは「新しい要素×ゲームジャンル」の組み合わせである
- ゲームアイデアを考え続けると、勝手にゲームのことを考えてくれる「ゲーム考える脳」を獲得できる
- 「ゲーム考える脳」を獲得するには「アイデアノート」が有効だ
- アイデアをむりやり出す「発想法」もオススメである
- その回答が新しいゲームになるような「お題」を設定し、その答えを考え続ける「大喜利熟考法」もアイデア出しに有効である

少なくとも、この章を読むことで、アイデアを出すという作業をどうしたらよいかと途方に暮れることはなくなったと思います。これらの概念、手法を知ったことで、アイデア出しの可能性は高まったはずです。

ただ、そこで出たアイデアはまだ、「ただの思いつき」です。ゲーム企画に辿り着くための第一歩に過ぎません。

この「アイデア」にルールやシステム、評価方法などを肉付けし、ゲームとしての「面白さ」を育て、さらに世界観やキャラクター、ストーリーを考え、「面白そう」を強化し、コンセプト(企画方針)・ゲーム企画に育てていきます。

アイデアの次のステップに進む前に、アイデアの良し悪しを厳しく判断する必要があります。アイデアがありきたりなものであったり、実現不可能なものなら、その先を考えること自体が無駄になるからです。

価値のあるアイデアを判断するためのチェックポイントを挙げておきます。

個性を持っているか?

人に面白そうと思ってもらうには、まずはその企画「ならでは」の部分を持っていることが求められます。他のゲームでも体験できることばかりでは、そのゲームをプレイする意味が希薄となり、選ばれない、買ってもらえないゲームとなってしまいます。

例えば「ネコ×ゲーム」の組み合わせを思いつき、「ネコをキャラクターにすえたゲーム」というアイデアを思い付いたとします。

これは個性を持っていると言えるでしょうか？　ちょっと思い出すだけでも「クイズRPG魔法使いと黒猫のウィズ」「にゃんこ大戦争」「ねこあつめ」など、スマートフォン系のゲームでは多数の「猫ゲー」があります。これでは、このアイデアは個性的とは言えません。「ネコ×FPS」「ネコ×サッカーゲーム」あたりまで狭めると個性が出てきそうです。また、「ヘビ×ゲーム」の組み合わせだと、あまり例が無く個性があると言えます。ただ個性はあっても需要がなければ意味がありません。個性的かつ需要がありそうなものを見つけたいところです。

アイデアを思いついたら先行例が無いかを調べることも重要です。ネット検索などを利用して同じアイデアで作られたゲームが無いか確認しましょう。

悲しいことに、多くの場合、自分が考えていたものより優れたゲームが見つかってしまいます（私も何度あったことか！）。そういう場合は、敬意を込めてそのゲームを研究しましょう。新たなアイデアが生まれるかもしれません。

個性は「アイデア」の段階で持っているべきで、「後から考えよう」と言って簡単に付け足せるものではありません。アイデアの段階でしっかり個性があることを確認しましょう。

ゲームを想像できるか?

次のチェックポイントは、そのアイデアをゲームとして想像できるかどうかです。あまり細かいところまで思い浮かべる必要はありませんが、ザックリとしたゲームプレイをイメージできるかどうかは重要です。何もイメージできないものは現実化できません。最終的に「ゲーム」にすることが目的ですから、どんなにインパクトのある個性的なアイデアでもゲームにならなければ全く価値がありません。アイデアの初期の段階で、素案程度で構わないのでゲームプレイを考えておきましょう。そのアイデアに関連する独自のシステムまで思いつければ１００点です。

ゲームプレイがスムーズにイメージできるアイデアは、企画作業もトントンと進むことが多いです。逆にここで曖昧な部分が多い程、企画を具体化する作業は難航します。いずれにしろ、ある程度のゲームプレイがイメージできないものは思いつくまで考えるか、あきらめて別のアイデアを模索する必要があります。

実現可能か?

次のチェックポイントは実現可能かどうかです。ゲームプレイを具体的にイメージすることができれば、「作る」ことに一歩近づいたと言えます。

今度はそのアイデアが果たしてゲームとして制作可能かという点を検討しなければいけません。自分が置かれた状況で、イメージしたゲームが作れるかどうかは、ゲーム制作の現場では常に頭に置いておかなければなりません。人員や制作費、環境などさまざまな要因が考えられます。

03-07 アイデア出しのゴール

実現が難しくなる理由はいくつかありますが、多くの場合、「技術的理由」か「ボリューム的理由」です。

●技術的理由

実現するのに技術的要件が足りない状況です。制作チームによって人員のスキルや制作環境は異なってきます。スマートフォンのライトなゲームしか作った経験がないチームで、いきなりオープンワールドのハイエンドのコンシューマ作品は作れないでしょう。

また、そもそもどんなチームであっても作れない企画もあります。現在存在する最新の技術を駆使しても実現できないような企画です。

例えば、スマートフォンのAR技術を使い、現実世界の街の建物、人物、車を、全て別の惑星の見た目に置き換え、その惑星を探索するゲームというアイデアは思いつきとしては魅力的です。しかし、執筆時の技術では実現が難しいです。自分のアイデアが現在の自分が置かれた状況で実現可能かどうかは冷静に判断する必要があります[*16]。

●ボリューム的理由

次に実現が難しくなる理由としてあげられるのがボリューム的な理由です。用意しなければならないリソース（要素）が多すぎるアイデアです。例えば「龍が如く」は新宿の歌舞伎町（ゲーム内では神室町）を再現していますが、同じ感覚でより広範囲の東京都全体を再現したアドベンチャーゲームを作ろうとしたら、膨大な量のステージを作る必要があり、とんでもない製作費と制作期間が必要になります。

東京都全体の再現は、ちょっとワクワクしますし魅力的に聞こえますが実現は極めて難しいでしょう。「首都高バトル」のように走るコースが決まっていて準備する背景も限られているなら実現性はグッと増しますが、こういった何らかの制限を設け、その制限下で実現できるゲームにまとめる必要が出てくるでしょう。

「実現可能か？」のチェックについては、今は不可能でも、将来的に技術の進歩などにより実現可能になることもありえます。本当に魅力的なアイデアなら捨てずに大事に自分の中で温めておくことも重要です。

アイデアのチェックポイントについていくつか紹介しました。アイデアを出す段階で、あまり否定的になりすぎるとアイデアが潰れていってしまいますが、複数のアイデアの中から絞っていき、ゲームの企画に育てる段階に進むには上記のポイントはクリアしておく必要があります。

これらの条件をクリアしたら、いよいよ具体的な「ゲーム企画」に育てていくことになります。次の章ではアイデアをゲーム企画に育てていく過程を説明していきます。

[*16] 就職活動で提出する企画書では、対象企業で実現可能かどうかを判断しましょう。

まとめ

01 アイデアをゲーム企画にするにはいくつかの条件をクリアしておく必要がある。

02 「個性を持っている」「ゲームを想像できる」「実現できる」この3つのチェックをクリアしよう。

CHAPTER 04

ゲーム企画の具体化

　第3章では、アイデアとは何かを考え、その生まれてくる過程を逆引きした「アイデアの出し方」について紹介しました。質を問わなければ、発想法などを使い、新しいゲームのアイデアを獲得することはそれほど難しいことではありません。教師としての経験上、入学したばかりの学生のアイデアに「お！面白そう」と思わされることもしばしばあるくらいです。大勢の学生と多くのアイデアに出会うと、アイデアを出す……という部分でプロとアマの差はそれほどには無いのかもしれないとすら感じます。

　では、プロと学生との間で決定的に違いを感じるのはどこかというと、そのアイデアを「面白い」ゲームとしてしっかりまとめあげる構成力です。このゲームにまとめ上げる精度はプロと学生の間で明確に差があります。「面白い」ゲームとしてまとめることができずにせっかくの「面白そう」なアイデアを捨ててしまっているのだとすれば、それは非常にもったいないことです。第4章では、この「ゲームにまとめ上げる方法」について考えていきたいと思います。

04 01 「面白そう」を「面白い」に変える

　アイデア出しを終えて、(少なくとも自分の中では)「面白そう」と思えるアイデアを見つけたら、今度はそれを「面白い」ゲームに構成する必要があります。アイデアの段階で既にゲームのイメージがある程度固まっているのが理想ですが、単なるとっかかりの言葉しかできていない場合もあります。例えば「『旅』をゲーム化する」といった曖昧な状態のアイデアもあると思います。この場合、この曖昧な「面白そう」を、しっかりと具体的な「面白い」ゲームに育てあげる必要があります。

ターゲットの考察

　アイデアを具体的にする前に、そのゲームを遊んでほしいターゲットを考えてみましょう。**ターゲット**を考える際は、性別、国、年代、ゲームへの興味の方向……などを考えます。
　先ほど例に挙げた「『旅』をゲーム化する」というアイデアのターゲットを考えてみると……

　　性別　：旅に興味があるのは男女共通（女性の方が強いか）
　　地域　：一旦、日本国内で考えてみる
　　年代　：旅に興味がある年代、大学生以上～定年後まで幅広い
　　ゲームへの興味の方向
　　　　　：テーマの特性的にライトゲーマーを対象にするのが良さそう

整理すると、

　　ターゲット：日本国内の大学生以上の旅好きの男女のライトゲーマー

というターゲットが何となく見えてきます。

　最初にターゲットを設定しておくことは、非常に重要です。
　ゲームは人を楽しませるために存在します。その楽しませる対象となる「ターゲット」を明確にしておくと企画を考えたり、細かい仕様を考える際にイメージがしやすくなります。例えば、普段あまりゲームをしない「ライトゲーマー」をターゲットにしているのにたくさんのボタンを

04-01　「面白そう」を「面白い」に変える

使う仕様にしたり、難度の高いアクションゲームにするのは得策ではないでしょう。

図1　どの年代、性別、何に嗜好がある人に向けた商品なのか、ターゲットをあらかじめ考えることが大切

ゲームジャンルの設定

曖昧なアイデアをゲームとしてまとめるためには、ゲームジャンルを設定します。

アイデア段階でゲームのイメージがある場合は既にジャンルも見えているはずです。曖昧なアイデアの場合はそのアイデアに一番適当な「ゲームジャンル」が何かを考える必要があります。

02-03のゲームジャンル分布図を見て、自分のアイデアを様々なジャンルに当てはめて、頭の中でどんなゲームになるかイメージしてみましょう。ゲームがある程度具体的にイメージできて、なおかつ個性があれば合格です。また、先ほど設定したターゲットも考慮することが重要です。

では、例に挙げた「『旅』をゲーム化する」を主要なジャンルに当てはめて具体的なゲーム内容を考察してみましょう。

旅×アクション

- ゲーム内容のイメージ：
  - ・各ステージが旅先（日本の観光地？）、アイテムがご当地の名産品？
  - ・ライトなゲームが合いそう、2Dの横スクロールアクションか
  - ・ステージをクリアするごとに日本地図のマップが埋まっていく
  - ・スマホでGPSの位置情報でステージが決定？

- 考察
  - ・日本地図、名産品を使う程度では個性となる「旅」感が弱いか
  - ・GPSのアイデアは悪くないが、相当数のステージ、アイテムが必要
    実際に移動する人がどれだけいるかも疑問
  - ・アクションというジャンル自体、ターゲットのライト層と合わない？

旅×RPG
- ゲーム内容のイメージ
    - 全国各地を旅してまわるRPG
    - 各地で名産品や個性のある敵がいる……
- 考察
    - RPGはライト層にもとっつきやすいのはGood
    - そもそもRPGで旅をするのは極めて「普通」
      プラスαが無いと個性が生まれないか……
    - GPSを絡めるのはありかも？

旅×シミュレーション
- ゲーム内容のイメージ
    - キャラクターに日本全国を旅させる
    - 旅の準備をし、目的地にたどり着くかを見届ける
    - 目的地にたどり着くと報酬が出て新たな旅に出る
- 考察
    - 旅をテーマにしたシミュレーションは個性的と言えそう
    - 農園系のように準備したら後は放置してときどき見に来る……
      みたいなプレイスタイルが良さそう
    - ターゲットとなるライト層との相性も良さそう
    - GPSを使えないか（プラスαのアイデア）

　「『旅』をゲーム化する」というアイデアを、3つの具体的なジャンルに当てはめて考えてみました。どうやらシミュレーションでなら、個性的なゲームになりそうな予感がします[*1]。
　このように曖昧なアイデアを、様々なジャンルに当てはめて、ゲームとして具体化していき、「ゲームになるか？」、「チームで実現できる内容か？」、「個性的かどうか？」、「ターゲットに適しているかどうか？」を判断していきます[*2]。全てをクリアすれば、かなり良い企画になる可能性があります。また、この段階でプラスαのアイデアがドンドン出てくるようだとかなり有望です。そういうアイデアを思いつくと本当にワクワクしてきます。

[*1] あくまで筆者の考察です。皆さんも旅と組み合わせたときに効果的なゲームジャンルを考えてみてください。
[*2] ゲームとして成立するかどうかはアイデア時にも検証すべき項目として挙げています。ここで再度、あるいは飛ばしてしまった場合は改めてしっかりと検証しましょう。

対応ハードの選定

おおまかなゲーム内容が見えてきたら、対応ハードを選定します[3]。VRなのか、PCで遊ぶゲームなのか、スマートフォンでプレイするゲームなのか、「PS4」なのか、「Switch」なのか。オンライン機能は必要か？　ターゲットユーザーの所持状況[4]（ライトユーザー向けならスマートフォンで制作するのが最も多くのユーザーにリーチするでしょう）、必要な機能、自分の企画のプレイに向いているかどうか、これらを総合的に判断してハードを選定します。

図2　対応ハードの選定も企画の重要なプロセスだ

さて、ここまでで、ゲーム企画の大まかな方向がまとまりました。

- ターゲットユーザー
- ゲームジャンル
- 対応ハード

これらはゲーム内容を固めていくうえで最初に決めておくべき基本的な要素です。これらをベースにして、さらに細かくゲーム内容を詰めていきます。次節からはより細かくゲーム内容を考えていきます。

---

[3] プロの世界では、市場動向などから先にハードが決まっていることもあります。学生、あるいは趣味でのゲーム制作ではハードから入らず、まずはゲーム内容が先行していてもよいでしょう。

[4] ユーザーのハードの所持率など。

> **まとめ**
>
> **01** 「面白そう」なアイデアを「面白い」ゲームにまとめる必要がある。
> **02** アイデアを元に、ターゲットユーザー、ゲームジャンル、対応ハードを選定する。

> **COLUMN　プロの能力**
>
> 　ゲームの教育の現場にいて感じるのは、プロはまとめる作業が学生よりも圧倒的に早く的確であるということです。これは実際にゲームをまとめてきた経験と、プロとして触れてきたゲームの数、知識の差、つまりアイデアに当てはめるゲームの「引き出し」の数の差だと言えます。
> 　プロはアイデアをゲームにまとめる際に、「あのゲームのあの部分のまとめ方が使えそうだな……」と、ほぼ無意識に考え、それを応用する柔軟さも身に付けています。また、プロは「ゲーム作品として構築できそうか」、また、思いついたものが他の多くのゲームに比べて「個性的かどうか？」の判断も的確に行えます。多くのジャンルのゲームをプレイし、引き出しを増やすことが企画の作業の質とスピードを高めているのです。

02 ルールを考える

　ターゲットユーザーとゲームジャンル、対応ハードがおおまかに定まったら、さらにゲームの構成を詰めていき、ゲーム企画に育てていきます。ゲーム企画の段階では以下の要素を具体的にしていく必要があります。

- ゲームルール
- ゲームシステム/アクション
- クライマックス
- ゲーム画面のイメージ
- 評価のシステム
- 世界観、ストーリー、キャラクター
- タイトル

　これらが大まかにまとまっていれば、ゲーム企画としての要件は満たすことになります。この章では上記の各項目について解説し、ゲーム企画として必要な要素を揃えていきます。

ゲームのルールを考える

　「ルール」はゲームを成立させる要素の中でも特に重要なものです。ルール（＝制約）があるからチャレンジが生まれ、「楽しい」と思わせる達成感が生まれます。ルールはゲームそのものと言えるかもしれません。
　ただ、ゲームルールは過去のゲームの歴史の中で、ある程度パターン化されています。特にゲームクリア、ゲーム終了については、ほぼパターン化されています。いくつか例を見てみましょう。

●クリアに関するルール

- ゴールに到達する
- 敵を全滅させる
- 指定のアイテムを全て集める
- 制限時間を生き残る
- 対戦相手を倒す（対戦ゲーム）
- ……

●ゲームオーバー、ゲーム終了に関するルール

- プレイヤーキャラクターのHPがゼロになる（残機がゼロになる）
- 制限時間がゼロになる
- 守るべきものが破壊される（死亡する）
- 敵に見つかる
- 終わらない（オンラインのサービス継続型のゲーム）
- ……

　ゲームジャンルにもよりますが、この辺りはほぼパターンが出尽くしているでしょう。何か新しいクリア条件、ゲーム終了条件を考え出すというよりも、既存のパターンのどれが自分のアイデアにふさわしいかをチョイスすることになります。ここは個性を出すのは難しい部分です。

●ゲームプレイのルール

　「どのように遊ぶのか」という「遊びのルール」の部分を見ていきましょう。ここもジャンルによってはかなりパターンが決まってきています。アクションゲームを例にすると次のものはもはや共通のお約束のルールと言えるでしょう。

- 攻撃を当てると敵にダメージを与える（あるいは即死する）
- 敵を倒すと得点が入る
- 敵はプレイヤーが近づくと攻撃してくる
- 敵に触れるとダメージを受ける（あるいは即死する）
- 弾に当たるとダメージを受ける（部位によってダメージ値が違う）
- 高所から落ちると即死する
- ……

　これらは個性こそありませんが、歴史に裏打ちされた「遊び」のルールです。しっかり再現すれば、普通に面白いゲームが出来上がります。
　逆に、このゲームプレイのルールに個性があると、新しい「面白い」経験をプレイヤーに与えることができるようになります。
　例えば「メタルギア」シリーズは、「かくれんぼ」の遊びをコンピュータゲームに取り入れるために、それまでのアクションゲームのルールではお約束だった「敵はプレイヤーが近づくと襲ってくる」というルールを「敵はプレイヤーを"見つけると"襲ってくる」という個性的なルールに変更しました。このルールにより、敵に見つからないように進む「ステルスアクション」という新しい遊び、ゲームジャンルが生まれたわけです。お約束のルールをベースに、新たなルール、お約束を変えたルールを加えることで新しい遊びを実現することができます。
　個性的なルールを採用する場合は、プランナーはそのルールをさらに突き詰めてプログラムで

構築できる「システム」にまで落とし込む必要もあります。また、そのルール（＝遊び）が本当に面白いのかどうか……という検証が必要になります。絵や図を描いたり、簡易な素材で「プロトタイプ」を作ることで、ゲームとして成立するかどうかを制作の初期の段階で確認することが必須です。

● ベースとなるルールは無個性でも構わない

プレイルールについて解説してきましたが、実際に新しいルールを作り出すのはなかなか難度が高いものです。

ルール自体は既存のゲームのもの（例えば、先ほどのアクションゲームの「お約束」のルール）をベースに考え、そこに個性的なシステムやアクションを加えることでもオリジナリティを生むことはできます。

次の節では、システムについて考えます。

まとめ

01 「ルール」が遊びを作る。ルール＝遊びと言っても過言ではない。
02 ゲームの歴史の中で、「お約束」とも言うべきルールのパターンがある。
03 パターンを外れた新しいルールが新しい遊びを生むことがある。

03 ゲームシステムを考える

ゲームルールがまとまったら、それをゲームとして形にするための「ゲームシステム」を考えていきます[*5]。

ゲームルールとゲームシステムはしばしば混同して語られます。本書では以下のように区分することとします[*6]。

- ゲームルール　＝　ゲームを成り立たせる規則・決まり
- ゲームシステム　＝　ゲームを成り立たせる仕組み・機能

「ゲームシステム」にはプレイヤーキャラクターの仕様、敵キャラクターの仕様、アクション、アイテム、得点、キャラクターの成長、操作など、ゲームを構成する様々なものが含まれる広い言葉です。

企画の段階で、これらのうちで特にゲームのコア（中心）となるようなゲームプレイに関わるゲームシステムを考えます。

個性的なゲームルールからゲームシステムを考えるパターン

先にゲームルールをまとめている場合、そのゲームルールを成立させるゲームシステムやアクションを考えます。

「メタルギア」シリーズでは「敵に見つからないように進む」というコンセプトで、「敵に見つかると敵が襲ってくる」というゲームルールがあります。このゲームルールを実現するために、敵がプレイヤーを発見するゲームシステムが必要になります。「敵の視覚システム」「敵の聴覚システム」などが準備されています。

さらに、このゲームシステムを元に「敵の視覚範囲にプレイヤーが入ると敵に見つかる」「敵の聴覚範囲で音を立てると、音が鳴った場所に敵が近づく」などのさらに細かいゲームルールが設定されていきます。

[*5] アイデアとして、ゲームシステムのネタが先行している場合は、逆にゲームシステムに適したゲームルールを考えていきます。

[*6] これについては必ずしも明確な定義があるわけではありません。チーム内でのコミュニケーションでは齟齬がないよう注意しましょう。

また、「壁張りつき」や「匍匐前進」などの敵に見つからないようにするためのアクション、敵を音でおびき寄せるための「壁叩き」、被ると敵に見つからなくなる「段ボール」や敵の注意を引き寄せる（視覚・聴覚を弱らせ足止めする）「グラビア本」などのアイテム、シリーズを重ねるごとにステルスアクションを補強する独自のゲームシステムが充実しています。

これらのゲームルールとゲームシステムの積み重ねが「メタルギア」シリーズをより個性的で魅力的にしています。

ゲームルール
　　⇒ゲームシステム
　　　　⇒アクションや細かいシステム

このように、遊びを支える個性的なルールが先にある場合は、それを実現するシステムを構築し、さらにそのシステムから遊びのアイデアを広げ、アクションや細かいシステムなどに派生させていきます。

個性的なシステムをルールでゲームにするパターン

ゲームのアイデアを考える際にゲームシステム（特にアクション）から思いつくことはよくあります。そういう場合はそのゲームシステムにルールを与え、どうやってゲームにまとめあげるかを考えます。

「塊魂」[*7]は非常に個性的なゲームシステムを持ったゲームです。

「塊」を転がすことで周囲のものを巻き込み、ドンドン「塊」が大きくなっていきます。このアイデアは非常に秀逸で、発表された当時は筆者も衝撃を受けたものです。

図3　塊を転がす！　独特なシステム

© BANDAI NAMCO Entertainment Inc.

ただ、このシステムだけではゲームにはなりません。ゲームとして成立させるためには。そこにルールとチャレンジが必要です。「塊魂」は個性的なゲームシステムを以下のようなルールでゲームとしてまとめ上げています。

[*7] 塊魂は2004年にナムコ（現バンダイナムコエンターテインメント）から発売されたアクションゲーム（ジャンルはロマンチックアクション）。シリーズ化されてさまざまなハード・プラットフォームで展開されました。　https://katamaridamacy.jp/

●基本ゲームシステム
「塊」を転がすことで周囲のものを巻き込み、「塊」が大きくなる

●基本クリアルール
塊を制限時間内に指定の大きさ以上にする

●チャレンジを成立させるゲームルール
- 塊の大きさに応じて巻き込めるものの大きさも大きくなる
- 塊の大きさに応じて超えられる段差の高さも高くなる
- 高速で大きなものにぶつかると衝撃でくっついたものが取れて、塊が小さくなる

基本的なルールは以上です。

塊魂ではクリアルールがゲームシステムに則した独特のルールになっています。物体の大きさがクリア条件になるゲームなんてそうはありませんよね。このように、ゲームシステムのアイデアが先行している場合は、それに適したルールを設定する必要があります。

クリアのルールは定まりましたが、まだゲームとなるには不十分です。チャレンジをより面白くするために、あえて制約となるルールが課せられています。このルールがあることで、「どんなルート・順番でものを巻きこもうか……」「あの人間は、今の大きさで巻き込めるかな？」などプレイヤーに対して試行錯誤のチャレンジを与えることができます。

さらにダッシュやジャンプなどのアクションのシステムを用意することで、「塊を制限時間内に指定の大きさ以上にする」というチャレンジにアクションの要素が付加されます。

クリアルール、ゲームルールによりチャレンジを与え、それに挑戦するためのアクションを用意することで「面白い」と思わせるゲームができあがるのです。

システムが新しければ、ルールはありきたりでも新鮮に感じる

ルール自体は既存のものでもシステムが新しければ、新しい体験を与えられます。注目すべきゲームシステムを採用した「ワンダと巨像」[*8]についてみていきましょう。基本的なルールは以下のようなものです。

●基本クリアルール
敵のHPをゼロにする

---

*8　2005年に「プレイステーション2」向けソフトとして発売。特徴的なゲームシステムや世界観で人気を集めました。2011年に「PS3」、2018年に「PS4」版が発売されるなど根強い人気を誇るタイトルです。

●チャレンジを成立させるゲームルール

- 敵の急所を攻撃しないとHPが減らない

図4 「ワンダと巨像」は巨大な敵によじ登って倒すという個性的なプロセスを採用　このプロセスを支えるシステムにあふれている

© 2005-2018 Sony Interactive Entertainment Inc.

　ゲームルール自体は、敵を倒すタイプのアクションゲームのそれとしては非常にオーソドックスです。しかし、「ワンダと巨像」は敵を倒すプロセスとそれを支えるゲームシステムが非常に個性的です。

　「ワンダと巨像」のゲームコンセプトは「巨大な敵（巨像）をプレイヤーキャラクターがよじ登って倒す」というものです。

　このコンセプトをチャレンジとして成立させるために、「よじ登る」というアクションと、「握力ゲージ」というシステムが用意されています。

　プレイヤーは巨大な敵（巨像）の体毛や鎧を伝い、体のどこかにある急所までたどりつかないといけません。敵も振り落とすために動き回ったり、身震いをするため、プレイヤーは必死にしがみついていないといけません。ですが、プレイヤーキャラクターがしがみついている状態では「握力ゲージ」が減少し、ゲージが0になるとプレイヤーキャラクターは手を放し地面に落下してしまいます。

　この「握力ゲージ」のシステムが生み出す、「よじ登り」のチャレンジがプレイヤーに新鮮な経験を与え、神秘的な世界観とあいまって世界中に熱狂的なファンを持つ伝説的なゲームとなりました。

図5　握力ゲージの概略図。しがみついてる間、内部の円が小さくなり、ゼロになると手を放して落下する

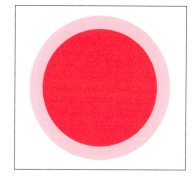

いくつか例を上げましたが、「ゲームコンセプト」「ゲームルール」「ゲームシステム」これらが密接につながりを持ち、ゲーム企画の骨格を構築していることがわかりました。紹介した例では、いずれも「ゲームシステム」に新しいものを持ち、プレイヤーに新鮮な経験を与えています。

　アイデアの段階で何を思いついくかは時々によって異なります。どのような取っ掛かりを得たにせよ、ゲームコンセプト、ゲームルール、ゲームシステムはゲーム企画としてまとめ上げる最低条件として揃っている必要があります。
　その中でも**ゲームシステムが新しければ、企画として合格**です。プレイヤーはゲームシステムを通してゲームプレイをすることになります。つまり、新しいゲームシステムを生み出すことができれば、新鮮な体験をプレイヤーに与えられます。
　例として、かなりレベルの高い作品挙げたので尻込みしてしまったかもしれません。しかし、プランナーとしてゲームを企画するのであれば、ゲームシステムに何らかの個性を持たせることをゴールとしたいところです。

まとめ

01 ゲームコンセプト、ゲームルール、ゲームシステムは密接につながっている。

02 ゲームコンセプト、ゲームルール、ゲームシステムがまとまっていることがゲーム企画の最低条件である。

COLUMN　上田文人氏のゲーム

上田文人氏をご存知でしょうか？　世界中にファンを持つ日本屈指のゲームクリエイターです。現在は gen DESIGN というスタジオを立ち上げ活動しています。上田氏が携わったゲームは「ICO」「ワンダと巨像」「人喰いの大鷲トリコ」など、独特の神秘的な世界観と、個性豊かなゲームシステムを持つことが特徴です。筆者は上田氏のコンセプトにこだわったゲームデザインにいつも感服します。特に「ワンダと巨像」はアクションや武器の種類は3Dのアクションゲームとしては極限まで研ぎ澄まされているにも関わらず(武器は剣と弓矢だけで一切のパワーアップ要素がありません)、一体一体の敵と個性的な戦いが楽しめることに本当に感心してしまいます。「ワンダと巨像」は「PS2」で発売されたゲームですが、「PS4」でもリメイクされていますので、若い世代の人にも是非プレイしてほしいと思います。

04 脳内（紙上）プレイと自分ダメ出し

　アイデアからゲームルール、ゲームシステムがまとまったら、ゲーム企画の骨格ができたと言えます。遊びとしての「ゲームの大もと」はこの時点で見えているはずです。続いて、「本当にゲームとして面白くなるのだろうか？」という視点で一度検証することが必要です。

「作ってみないと分からない」はNG

　学生の企画をチェックする際に必ずと言っていいほどしているのが、「このゲームは何が面白いの？」という質問です。企画の詰めが甘いと、答えられないか、「作ってみないと分からない」という曖昧な回答しかできません。

　ゲームを長年作ってきて分かっているのは、「面白くなるはず」と思っていた企画がつまらない作品になることはあっても、企画段階で「面白いかどうか分からない」という企画が面白くなることはほぼ無いということです。

　実際にスタッフを動かしプロトタイプをつくるより前に（プロの世界ではここで費用が発生します）、プランナーは企画段階で「よし、行ける」というところまで、ゲームルール、ゲームシステムを詰めておく必要があります。

脳内（紙上）プレイで検証を

　基本的なゲーム部分がまとまったら、自分の頭の中で（慣れないうちは紙に描いてみて）ゲームプレイを「絵」や「図」……つまりビジュアル（視覚）で想像してみましょう。私はこれを「脳内プレイ」「紙上プレイ」と呼んでいます[*9]。脳内プレイはボヤっとした何となくのイメージではなく、少なくとも基本的なゲームプレイ、そのゲームが持つ基本的な「面白さ」を具体的に頭の中で（紙の上で）しっかりと絵や図など「ビジュアル」で再現します。具体的な「絵」で考えることで、新たなアイデアが浮かんだり、問題点を実制作の前に洗い出せたりします。

　脳内プレイは文字通り頭の中で行う人もいますが、慣れないうちは実際に紙に絵を描いてみるのがオススメです。ゲームシーンは、ゲームアイデアを一番端的に表している場面をビジュアルでイメージするのが良いでしょう。特にルールやシステムで「うまくいくかなぁ」など不安に思っ

[*9] 紙に書く方法には「ペーパープロトタイピング」という言い方もあります。

ている個所は早めに検証してみることが必要です。

　そもそも脳内でうまくビジュアル化ができないようなら、ルールやシステムが曖昧で、ゲームにできるほど具体的になっていないということです。まずは脳内プレイができるようになるまで、ゲームの内容を固めましょう。曖昧になっている部分が明らかになるのも脳内プレイのメリットの一つです。

　思いついているゲームアイデアが既存のゲームからかけ離れている……つまり斬新、新鮮味のあるゲームほど、この脳内プレイは難しくなります。よりどころになる似たゲームが無いので試行錯誤の必要性が出てきます。ただ、やはりこの段階でゲームの形を具体的にしておかないと先には進めません。斬新なゲームほど脳内プレイは重要なのです。突拍子もないアイデアを、いかに粘って具体的にゲームに落とし込めるかも、プランナーの重要な資質です。

脳内プレイの具体例

　授業で企画のチェックをしたときのことです。一人の学生がアクションパズルのゲームアイデアを持ってきました。絵や図にはなっておらず、テキストだけで以下のようなルールでした。

- プレイヤーキャラクターはリング状のステージ上にいる
- ステージ上にはリングと同じ幅のブロックがある
- プレイヤーは1段のブロックなら上り下りできる
- プレイヤーがブロックを蹴るとリング状のステージに沿って滑る
- 滑って移動中のブロックAがステージ上の別のブロックBにぶつかるとAの上にBが乗り2段になり、Aが止まる
- 2段になってるブロックに滑ってるブロックがぶつかると止まる
- 同じ色のブロックが3つ並ぶと消える

テキストだけで分かりづらかったので、図に描いて確認しながら企画を聞き取りしました。

図6　下手でいいからとにかく図に描いてみる。図を描くと断然イメージしやすくなる

図7　滑ったブロックAがブロックBにぶつかると、Aの上にBが乗る…?

テキスト上では何となく形になっていそうなルールでしたが、図にして確認することで問題点も見えてきました。円形のステージをブロックが滑るイメージは個性的で魅力的です。試行錯誤する価値はあるかもしれませんが、現時点では納得感のある美しいルールとは言えなさそうです。結局このネタはボツになりました。

① ブロックAがブロックBに乗るという挙動が物理に反していて違和感がある（ルール・システムに納得感が無い）
② 段取りを間違うとすぐに2段のブロックができ、手詰まりになりそう
③ 円形のステージに沿ってブロックが滑る…という面白味はブロックが減る終盤のみのものになりそう

言葉だけではイメージしきれなかったものが図を描くことで、よりイメージが明確になり問題点が明らかになったケースです。言葉だけでなら成り立っていそうなゲームアイデアも、実際に絵や図にして具体的に考えてみる「脳内プレイ」をしてみることでルールやシステムが破たんしていることが明らかになることがあります。

脳内（紙上）でゲームをビジュアルで再現することで、ゲームがより具体的に見えてきます。ゲームプレイを具体的に考えることで、さらにアイデアが膨らむこともありますし、様々な問題点を見つけられます。脳内プレイはゲームアイデアがまとまった時点で必須の作業です。

「脳内プレイ」では、以下のようなことを確認します。しっかりクリアできるようであれば、基本的なゲーム部分の企画は完成したと言えます。

- そもそも絵や図にできるくらいまとまっているか？
- ゲーム的なチャレンジはあるか？それは面白いか？
- 個性のあるゲームになっているか？
- 画面で表現できるか？どう表現するか？
- 挙動は一般的に納得感があるか？
- 操作はどのようなものになるか？

まとめ

01 ゲームルール、システムを考えたら必ず絵や図で確認する（脳内プレイ）。
02 脳内プレイは問題点の洗い出し、追加アイデアのネタ出しにも有効。
03 ここまでできたら基本のゲームアイデアは完成！

05 バリエーションを考える

　基本的なゲームルール、ゲームシステムが固まったら、次はその遊び方のバリエーションを考えましょう。基本の部分が面白くても、バリエーションが無いとすぐに飽きられてしまいます。企画の段階で、ある程度のバリエーションを想定しておくことが重要です。

　基本システムだけで延々と遊べる「テトリス」のようなゲームもありますが、そういう場合はこの工程は飛ばしてもらってもOKです。

　ただし、「テトリス」は言い方を変えるとプレイヤーの組み立て方によって無限のバリエーションがあるとも言えます（神のレベルで完成されたゲームです）。そのようなゲームは極めて稀です。ほとんどの場合、バリエーションを考える工程は必要となります。

基本システムを膨らませる

　遊びのバリエーションを増やすときに気を付けないといけないのは、いたずらに要素を増やすのではなく、「基本のゲームシステムの範囲内でできる」ことを増やしていくということです。

　基本のシステムの範囲を超えて、どんどんシステムを増やしてしまうとゲームが複雑になり、プレイヤーがとっつきにくいものになってしまいます。

　特に短時間のプレイが前提のアーケード（ゲームセンター）のゲームや、ライトユーザーが遊ぶことが前提のスマートフォンのアプリゲーム、短時間のプレイで評価されるコンテスト向けのゲームなどでは、「要素が少なく分かりやすい」ということが必須とも言えます。

　時間をかけてプレイヤーを教育できるコンシューマ（家庭用）のゲームでもむやみにルール、システムを増やすことはできるだけ避けるのがユーザーフレンドリーです。まずは基本のゲームシステムでできることの種類を増やすことを考えましょう。

　例えば「スーパーマリオブラザーズ」の「ジャンプ」は、ゲームの根幹をなすシンプルなゲームシステムですが、非常に多くのバリエーションを与えられています。

バリエーションの具体例

「スーパーマリオブラザーズ」を例に操作のバリエーションを見ていきましょう。

「スーパーマリオブラザーズ」のジャンプの操作のバリエーション
- Aボタンを短く押すと低いジャンプ
- Aボタンを長く押すと高いジャンプ
- ジャンプ中も十字ボタンで左右移動可能
- 移動しながらジャンプで遠くにジャンプ
- ダッシュ移動しながらジャンプでさらに遠くにジャンプ

ジャンプの操作と、基本動作の「移動」、「ダッシュ移動」の組み合わせで上記のような幅・バリエーションが与えられています。さらに、Aボタン、十字ボタンを押す長さで無限とも言えるバリエーションが生まれます。

また、ジャンプに与えられた「機能」も複数あります。

「スーパーマリオブラザーズ」のジャンプの機能のバリエーション
- 高い場所への移動
- 離れた場所への移動
- 敵を踏むことで倒す
- 頭上のブロックを叩く

ジャンプという一つのアクションにこれだけの機能があります。さらに敵やギミックにもバリエーションがあり、ジャンプの機能に対する「リアクション」が多数準備されています。

「スーパーマリオブラザーズ」の敵のジャンプに対するリアクションのバリエーション
- クリボー　　→踏むだけで倒せる
- ノコノコ　　→踏むと甲羅状態になる
- パタパタ　　→空中を浮遊するため踏みづらい
- トゲゾー　　→踏むとマリオがダメージを受ける
- キラー　　　→高速で飛んでくるため踏みにくい

「スーパーマリオブラザーズ」のジャンプに関係するギミックのバリエーション
- ジャンプでたたくとアイテムが出る「？」ボックス
- 落ちたら死亡するためジャンプする必要がある「穴」
- ジャンプして高い位置でつかまると高得点のゴールのポール
- ジャンプのタイミングを試される左右に移動する足場
- より高く飛べるジャンプ台

　これらの敵、ギミックが基本アクションの「ジャンプ」に対して様々なリアクションを起こし、プレイヤーを飽きさせないバリエーションを生み出します。

　「スーパーマリオブラザーズ」を例にして話をしてきましたが、注目してほしいのは、「基本アクション、基本システム」の範囲内でバリエーションが準備されている点です。
　余計なシステムを足すのではなく、シンプルな基本アクションに幅（機能）を持たせ、多くのリアクションを準備することで、プレイヤーは最低限の学習でチャレンジを飽きることなく楽しむことができるようになります。
　バリエーションを作れるかどうかは、そのゲームがものになるかどうかを分かつ大事なポイントです。企画の段階で全ての敵、ギミックを考えておく必要はありませんが、基本システムの何を楽しませたいのかをプランナー自身がよく理解し、その楽しませ方のバリエーションを考えておくことは非常に重要なことなのです。

まとめ

01 基本ゲームシステムがまとまったらバリエーションを考える。

02 余計なシステムを追加するのではなく、基本システムを発展させる。
操作の幅、機能の種類、様々なリアクションなどを考える。

06 クライマックスを考える

　企画作業の流れとして、基本的なゲームルール、ゲームシステム、そしてそのバリエーションを考えてきました。
　主に第2章で解説した「ゲームの面白さ」との関連で、ここまでの企画作業の流れを整理します。

- 基本的なゲームルール、ゲームシステム　＝　達成感を得るための挑戦
- ゲームのバリエーション　＝　能動的になれる条件（の一部）

　企画の作業自体が、「面白そう」なアイデアに「ゲームの面白さ」を与えていく工程であることがよく分かると思います。
　では、次はゲームのクライマックスを考えましょう。クライマックスとは第2章「クライマックスを作る」でも紹介した通り、プレイを通して「最も盛り上がる部分」です。
　基本ゲームとそのバリエーションだけでも、ある程度の時間を遊ばせることはできます。そこにクライマックスと呼べる大きな盛り上がりがあると、ゲームプレイ全体の構成に抑揚ができ、プレイヤーにさらに大きなモチベーションと達成感を与えることができます。クライマックスを用意することで、より「面白い」と思えるゲームにすることができるのです。

クライマックスも基本システムから考える

　クライマックスを考える際も、基本システムとそのバリエーションを使ったものを考えます。これはバリエーションを考えるときと同じで、プレイヤーに新しいシステムを覚えさせる「負荷」を軽減させるためです。クライマックスと言っても、それまでに慣れ親しんだゲームシステムを使って遊ぶことに変わりはありません。クライマックスも一種のバリエーションということができるでしょう。
　第2章でも取り上げたクライマックスの例をもとに、よりゲームを「面白い」と思わせるための盛り上げ方を考えていきましょう。自分の企画アイデアがある人は、そのゲームにはどのようなクライマックスが適当なのかを考えながら読んでみてください。

歯ごたえのある「挑戦」

　最もオーソドックスなクライマックスである「歯ごたえのある挑戦」は、それまでのゲームプレイの集大成となるように構築します。他の敵よりも強力な「ボス戦」、制限時間や大量の敵が襲ってくるような「プレイイベント」などがそれに当たります。要所要所でこれらの「歯ごたえのある挑戦」を配置することで、ゲーム全体にメリハリが生まれます。

　敵と戦うタイプのゲームでは「ボス戦」はクライマックスとして非常に有効です。ボスはプレイバリエーションで考えた遊び方を組み合わせ、かつ難度を高めに構成するのが一般的です。そのうえでヒットポイント（体力）を高く設定するなどして手ごわい敵として組み立てていきます。面白いボスをつくるためにもバリエーションをしっかり考えておく必要があります。

　厳しい条件を与えて通常プレイより難しく、クリア時に強い達成感を与えるのが「プレイイベント」です。プレイイベントもクライマックスとしてゲーム全体の構成にメリハリをつけるのに効果的です。内容にもよりますが、時間制限をかけたり、敵を大量に出したり、何かを守りながら戦ったり、「通常のゲーム＋α」という形で成立するため、一般的にはボス戦よりも作業コストは安く作られます。

　企画段階で、どんなプレイイベントが作れるか、ある程度考えておくとよいでしょう。

一時的なパワーアップ

　プレイヤーのパワーアップもゲームを盛り上げるクライマックスとして有効です。「歯ごたえのある挑戦」がクリアしたときの「達成感」を強めるものなのに対して、パワーアップは挑戦を楽にクリアする「爽快感」を与えます。プレイヤーが気持ちいいと思える瞬間をしっかり準備しましょう。

　パワーアップの内容は強力な攻撃だったり、無敵時間だったり様々です[*10]。当然ですが、敵を倒す、ゲームクリア、レベルアップなど、そのゲームの中でプレイヤーが「目標」としていることへの助けになるものであることが大事です。一見派手に見えても、「目標」の助けにならないことでは喜びは得られません。自分が企画するゲームの中で効果的なパワーアップをしっかり考えましょう。

　パワーアップを設定する際は、その発動条件にも気を配りましょう。発動に条件を与えることで成功したときの喜び、爽快感がより高まります。気持ちがいいからと言って無条件に発動できると価値が下がり、気持ちよさも損なわれます。条件の例をいくつか上げてみます。

＊10　スマッシュブラザーズSPECIALの最後の切りふだ、スーパーマリオブラザーズのスーパースター状態など。

① プレイヤーの技術によって発動する「コマンド選択型・コンボ型」
② ゲージを貯め、それを消費する「ゲージ消費型」
③ アイテムの取得・消費による「アイテム消費型」

どれも何かしらの制限となりますが、上から順にプレイヤーのプレイスキルが求められるものとなっています。言い換えると上のものほどコアプレイヤー向けの仕様となります。プランナーは自分が作るゲームのターゲットを考え、これらの仕様を考える必要があります。

ボーナスチャンス

高得点や大量の経験値が入るボーナス敵、パズルゲームの連鎖などのボーナスチャンスなど、一気に高得点（あるいは窮地からの逆転等）を得るボーナスチャンスを考えましょう。ボーナスチャンスもプレイヤーに高揚感を与える効果的なクライマックスです。

ボーナスチャンスに高揚感を与えるコツとしては、プレイヤーの「技術」と「運の要素」をうまく組み合わせることです。「運の要素」がからむことで（あまりよい例ではありませんが）ギャンブルに近い高揚感を与えることができます。課金系のゲームでよくある「ガチャ」は運そのもので、ちょっと「ゲーム」と呼ぶには抵抗がありますが、ゲームの中にほどよく運の要素が入ることはクライマックスの高揚感を高めるのに有効です。

レアな出現率のボーナス敵[*11]、落ちものパズルの落下するブロックのランダム性などはまさに「運の要素」です。その運の要素を自分の「技術」でものにするところに気持ちよさが生まれます。

自分が考えているゲームの中で、どのようなクライマックスが適当か、企画段階からよく検討しておきましょう。クライマックスのないゲームは単調ですぐに飽きられてしまいます。

基本のゲーム部分にある基礎的な「面白さ」を最大限に強めるのがクライマックスです。「面白さ」にも強弱があり、ときどき強い面白さを表現することで、プレイヤーの気持ちを強く動かし、より「面白い」ゲームと思わせることができます。

まとめ

01 ゲームの盛り上がりである「クライマックス」は企画段階で考えておく。
02 クライマックスはゲームの基本的な「面白さ」を最大化したものである。
03 自分のゲームをよく理解し、最適なクライマックスを用意しよう。

---

*11 「スペースインベーダー」のUFO、「ドラゴンクエスト」のメタルスライム

COLUMN　レベルデザインの起承転結

　起承転結という言葉があります。もとは漢詩の用語のようですが、主に文章やストーリーの構成に使われる言葉で、面白い物語を作るにはこの構成にすると良いといわれています。

「起」＝物語の設定を伝える（昔々あるところに……）
「承」＝何か事件が起きる（桃ゲット、桃太郎が育って、村人は鬼に困っていました）
「転」＝事件を解決する、逆転する（桃太郎は仲間を集めて鬼退治！）
「結」＝まとめ（めでたしめでたし）

　物語では「転」の部分がクライマックスとなります。
　この構成はゲームのレベルデザイン（ステージ構成）でも同じことが言えます。冒頭でルール、操作の基本事項を伝え（起）、しばらくそれで遊ばせる（承）、慣れたころにボス戦！（転）、ステージクリアでご褒美（結）。人が面白いと思う構成はどのジャンルも一緒なのかもしれませんね。

04-07 評価と報酬が「達成感」を作る

基本ゲーム部分を企画する際、「評価」と「報酬」について考えることも大きなポイントです。実際にプレイするゲームの中身はもちろん大事ですが、何をどのように評価するか？どのような報酬を与えるか？という部分もゲームの「面白さ」に大きく関わるゲーム本体の一部です。

ゲームの「面白さ」の根本が「達成感」にあるということは、何度か本書でも説明してきました。「評価」「報酬」はその達成感を与えるのに必要不可欠なものです。ただ、学生の作品などを見ているとゲームの中身しか考えず、評価の部分がなおざりになっていることがしばしばです。「評価」の方針までまとまって、ようやくゲームの企画になったと言えます。企画段階で評価の方向性も考えておきましょう[*12]。

図8 「モンスターストライク」のゲームプレイの評価をする「リザルト」ステージクリア時の「報酬」
どちらもゲームを面白くするための大事な要素だ

© XFLAG

[*12] ここで例としては「モンスターストライク」を使っています。スマートフォン向けゲームで、常にアプリストアの人気上位にいる超人気タイトルです。プレイスコアの提示（評価）やそれにともなった報酬という本章で紹介する原則をシンプルに採用しています。プレイして参考にしてみてください。

何を評価するのか？

　最初に確認すべきことは自分のゲームで「何を評価するのか？」です。

　「何を評価するのか？」つまり「評価軸」は、言い換えるとプレイヤーの「目標」です。よりかみ砕いて言うと「プレイヤーに何をしてほしいのか？」「何を楽しんでほしいのか？」を設定することです。

　「敵をたくさん倒す」ことを評価するのか、「早くクリアする」ことを評価するのか、「コンボをつなぐ」ことを評価するのか、評価軸をどこに置くのかで同じゲームシステムでもプレイヤーの遊び方は変わってきます。ゲームによってはステージによって評価軸を変える「ミッションクリア型」のようなものもあります。

　ゲームで重要視するのはどこなのか、よく検討して評価の方法を考えましょう。

スコア

　スコア（得点）は、もっともオーソドックスな評価システムです。「アクションゲームで敵を倒す」「パズルゲームでブロックを消す」「リズムゲームで正確に譜面を叩く」など、ほとんどのゲームシステムをカバーできる汎用的なもので、多くのゲームで採用されています。

　クリアまで、あるいは決められた制限時間内でどれだけの得点を取れたかを記録します。シンプルなアクションゲーム、パズルゲーム、音楽ゲームなど、短時間で遊ぶ、ややカジュアルなゲームと相性が良いです。

　何度でも繰り返し挑戦する際に「よりうまくできたか？」を確認するための指標として効果的に機能するからです。逆にストーリーのしっかりあるような長時間遊ぶタイプのゲームではうまく機能しません。

　スコアがあることで、「効率よく得点を取ろう」というモチベーションが生まれ、より能動的にゲームをプレイするきっかけとなります。スコアをより機能させるために、プランナーはプレイヤーの技術や運により得点に幅が出るようにゲームを設計する必要があります。

スコアランキング

　スコアとセットとなるシステムが、獲得得点の高い順に上位の記録を表示する「スコアランキング」システムです。

　家庭用のゲームでは、自分自身の記録を更新することを目標に、繰り返し遊ぶモチベーションを生み出せます。一昔前のゲームセンターでは、筐体（ゲーム機）でプレイした他のプレイヤーの記録を超えること、ランキングに表示されることが継続プレイの1つのモチベーションになっ

ていました[*13]。自分の出した記録に名前を入力して表示するアーケードゲームならではのシステムもあります。今でも店舗ナンバー1や、全国ナンバー1などのランキングで盛り上がっています。最近はスマートフォンのカジュアルゲームなどでソーシャルメディア（SNS）と連携し、友人と順位を競うゲームが増えています。

　ランキングするプレイヤーの範囲をどこで区切るかなどで、色々なタイプがありますが、得点の記録を見ることで自分の上達を実感したり、他のプレイヤーと競争したりと「目標」設定に非常に効果的に作用します。得点のあるゲームではこれらのスコアランキングの実装も考えるべきでしょう。

タイム・回数（ターン数）

　レースゲームなど、タイムを競うゲームではクリアタイムの早さで評価することもあります。「敵を全て倒せ」などのミッションクリア型のゲームでもクリア時のタイムで評価することがあります。

　「制限時間内に条件をクリアせよ」というタイプのゲームでは、クリア後の残り時間をポイントに換算するなど「残り時間」に着目した評価もあります。

　「ターン制」のゲームや、パズル系のゲームなどで操作回数に制限がある場合、操作の回数（ターン数）が「いかに手数を少なく条件をクリアしたか」という評価の対象になることもあります。

死亡回数、ミスの回数

　難度が高く、クリアが難しいゲームでは、いかにプレイヤーキャラクターを死なせずにクリアするかも評価軸になりえます。音楽ゲームなどでノーミスでクリア（フルコンボ）することにボーナス的な特典を与えることは、完璧なプレイを促し、何度もゲームにチャレンジするモチベーションを与えることができます。

複合的な評価

　ゲームの評価軸は1つである必要はありません。例えば、「倒した敵の数」と「残りタイム」の両方を評価軸とし、総合的な評価をすることは一般的です。ゲームクリア時の「リザルト画面」でさまざまな評価を得点に置き換え、総合得点で評価することが多いです。複数の評価軸を持つことで、より挑戦しがいのあるゲームにすることもできます。ただ、あまりに評価軸が多いとプレイヤーが「何を優先させればいいんだ？」と悩んでしまうことにもなるので評価項目を増やしすぎないことも重要です。

[*13] 現在はゲームセンターのオンライン化が進み、全国ランキングを確認できるゲームもあります。

達成ランク

　達成ランクは、名前の通りゲームの達成度をランクづけして表記するものです。自分のクリアレベルがどれくらいだったのかを把握できるのが大きなメリットです。絶対的なスコアの数値表示などと比べて評価がわかりやすくなります。

　1度のプレイで900万点取ってクリアしたとしても、その数字だけで比較すべきものが無ければ、果たしてそれがすごいことなのかどうか判断ができません。そういう場合に達成ランクを「S」と表示してあげると、「お！俺の900万点というスコアは最高レベルのクリアだったんだな」と、プレイヤーにより強い達成感を与えることができます。

　ランクは「S、A〜D」というようなアルファベット表記のものや、☆の数で表現するのが一般的です[*14]。

　順位付けのランキングシステムが機能しづらいゲームで効果を発揮します。一人でじっくり遊ぶタイプで、繰り返しプレイに不向きなプレイ時間が長いゲームなどで有効です。

報酬

　「報酬」はゲームクリア時に、プレイヤーが喜ぶものを与えることです。アイテムや経験値など、プレイヤーキャラクターの強化に繋がるものを与え、更なる挑戦へのモチベーションを高めます。

　ゲームを継続してプレイさせるために報酬は非常に有効な手段です。

　また、課金型ゲーム[*15]では期間限定の魅力的な報酬を設定し、それを獲得するために課金をするというパターンがよく使われます。

　オンラインゲームでは、「称号」や特別な「アバター（キャラクター用の衣装）」など、他のプレイヤーに自慢できるようなアイテムを報酬とすることもよくあります。ゲーム内では特に役割が無くても、プレイヤーは高い満足感を得ることができます。

　プレイヤーが喜び、「達成感」を何倍にも感じられるように魅力的な報酬を企画段階から考えておきましょう。特に課金型のゲームでは売り上げに直結する重要な要素です。

ストーリーの進展

　ゲームにストーリーを持たせ、ステージクリアごとに物語が進行することは報酬と同じような効果を発揮します。物語の進行はプレイヤーの達成感を強め、「この先、どうなるんだろう？」

[*14] 前出の「モンスターストライク」ではSなどアルファベットによる達成ランク表示を採用。合わせてクリアタイムも表示しています。

[*15] 本書では課金といったとき、一般的にはランダム（いわゆるガチャ）ないし確定でのアイテム課金を指します。パッケージ販売、月額課金、従量課金などの他形態は指しません。

というゲームを先に進めるモチベーションを高めることもできます。
　ストーリー系のアドベンチャーゲームなどは、物語の進展を楽しむゲームであり、ストーリーそのものを報酬として進むゲームとも言えます。
　次の節でも説明しますが、物語や世界設定、キャラクターの魅力は報酬としての役目だけでなく、ゲームへの興味、没入感、達成感を一段と高める役割があります。企画段階でゲームの内容とセットで世界観や物語を考えておくことは、ゲームプレイを面白くする意味でも極めて重要なことです。

　評価と報酬はゲームの根幹である「達成感」を完成させる極めて重要な要素です。何となく地味でなおざりにされがちですが、企画段階でしっかり考えておきましょう。

まとめ

01 評価と報酬がゲームの魅力「達成感」を完成させる。
02 評価軸を設定することは、プレイヤーに「何を楽しんでほしいか」を設定することである。
03 報酬は達成感を高めると同時に、次のステージに進むモチベーションを与える役目もある。

04 08 キャラクター、設定・物語

　チャレンジと達成感があれば、ルールとゲームシステムだけでもゲームは成立します。実際、テトリスなどはシンプルなルールだけで成り立っています。
　しかし、キャラクターや世界設定、物語を持たせることでゲームがより魅力的になることがあります。プレイする前から「やりたい！」「面白そう！」と思わせることもできますし、プレイヤーキャラクター（主人公）に感情移入することで、プレイ時の没入感が圧倒的に高まります。「プレイヤーキャラクター」を操作するタイプのゲームでは世界設定やキャラクター設定は必要不可欠な要素とも言えるでしょう。

先にゲームシステムがある場合

　ゲームシステムがすでにイメージできている場合、そのゲームシステムが一番生きる世界設定やキャラクター設定を考えます。
　アクションゲームで、プレイヤーキャラクターのアクションに特徴がある場合、そのアクションに説得力を持たせるキャラクターを考えてみましょう。

- 体を丸めて回転して移動する⇒アルマジロのキャラクター
- 時間を止める⇒時計のキャラクター

　こんな感じです。他愛の無いことに思えますが、アクションが特殊になればなるほど、そこに説得力が欲しくなります。アクションとキャラクターの設定がカチッとはまると、それだけで「なるほどな」と思わせることができ、プレイヤーの納得感とゲームへの没入感を高め、企画そのものの説得力が高まります。
　「スプラトゥーン」では「子供も楽しめるTPS」というコンセプトを実現するために、銃で殺し合うゲームではなく、インクを発射する銃でステージに色を塗るゲームとなりました。その「インクを発射する」というアクションから、プレイヤーキャラクターは墨を吐く「イカ」をモチーフにデザインされています。
　ゲームシステムが特殊であればあるほど、よりプレイヤーがゲームに没頭できるようにキャラクター、世界観をしっかりと考え、プレイヤーに納得感を与えることが必要です。

先に世界設定やキャラクターがある場合

　プロの現場ではアニメや漫画などを原作にゲーム化するということがしばしばあります[*16]。この場合、その設定やキャラクターにぴったりとハマるゲームシステムを考える必要があります。

　原作ものなどで、すでに物語がある場合、RPGやアドベンチャーゲームなどで、原作の物語を追体験させるのはよくある手法です。また、バトル系のマンガの原作を対戦格闘などでゲーム化し、登場キャラクターの必殺技を再現するのもファンには嬉しい要素です。

　これらのゲームを購入する人は原作の魅力を別の形で体験したいという欲求が強いため、ゲーム内容として新しいことが入っていることより、原作の「再現度」が重視されます。プランナーは原作を熟知し、ファンを裏切らないように原作の魅力をゲームで再現することが重要です。

　原作の無いオリジナル企画の場合でもゲームシステムからではなく、世界設定やキャラクター、物語からゲーム内容を発想する人もいます。その場合でも、その世界観、キャラクターをどのようなゲームシステムで表現するかまで考えましょう。うわべだけの設定ではなく、「遊び」にまで昇華することで、ゲーム企画としてより深みのあるものになります。

世界設定・物語が中心となるゲーム

　RPGやアドベンチャーゲームなどでは、物語やキャラクターがゲームの魅力の大半を占める場合があります。ゲームシステムの部分はオーソドックスで目新しさが無かったとしても、これらのジャンルは物語やキャラクターの魅力が大きなウェイトを占めるため、市場に受け入れられることがあります。

　ただ、物語やキャラクターの魅力は、一通りプレイしてエンディングまで迎えて初めて「よかった、感動した」と体感できるものです。余程キャッチーな設定でない限り、それでRPGの企画が通るということはなかなかありません。物語や設定だけの企画にならないように注意しないといけません。

　プロの現場でもRPGの新規タイトルとなると、「脚本：〇〇〇」「キャラクターデザイン：△△△」と有名クリエイターの名前を連ねることで期待感を煽るケースがほとんどです。純粋に物語や設定を売りにすることは稀です。

　また、これらのクリエイターを連れてくるのは第2章でも紹介したようにプロデューサーの仕事で、プランナーの仕事ではありません。物語、設定をプランナーが考え、シナリオを書くこともありますが、プランナーならばその物語の設定を活かす「独自のゲームシステム」まで考えて企画提案したいところです。

　戦闘すら無いテキスト系のアドベンチャーゲームは基本的にフラグ（条件）を満たすことのみ

[*16] キャラクターゲームなどとも呼ばれます。

を目的としたもので、ゲームとしてはやや特殊なジャンルです。物語を表現するのに適していて、予算も比較的安価で制作できることから、実験的で過激な設定をウリにしたタイトルが多いジャンルです。

「ダンガンロンパ」シリーズは、かなり実験的な設定のアドベンチャーゲームです。全国から集められた「超高校級」の才能を持つ個性的な生徒達が殺し合いを強要され、殺人が起きると「学級裁判」で犯人を指摘し、正しい犯人であれば犯人の生徒は「オシオキ」という名の残酷な処刑をされる……。「そんなのアリか？」と思ってしまうくらい破天荒な設定ですが、アニメ化されるほどの人気を獲得しています。有名声優を使うなどプロデューサー的な話題作りもヒットの要因ですが、「ダンガンロンパ」のこの個性的でキャッチーな設定も「なんだこれは？」と興味を引き、発売前から話題となりました。プレイする前に設定で興味を引かせるにはこれくらい個性を持たせないといけないという好例です。ゲームシステムに特徴をつけづらいアドベンチャーゲームは設定やキャラクターで盛ることが必須のジャンルと言えるかもしれません。

図9 「ダンガンロンパ」は実験的な設定でシリーズ化・アニメ化するほどの人気に

©Spike Chunsoft Co., Ltd. All Right Reserved.

物語とゲームの相乗効果

物語の設定にはゲーム自体の目的を明確にする役目があります。「ピーチ姫がクッパにさらわれたから助けに行く」「死んだ少女を生き返らせるため16体の巨像を倒す」、これらの設定はゲームの主人公がゲームプレイの中で行う戦いや冒険の目的です。プレイヤーは物語を通してその目的を知ることで、ゲームプレイに意味を感じ、より深くゲームに「没入」することができます。

また、ゲームが進行し、物語が先に進むことで「俺は先に進んでいる」という達成感を与えることができますし、ゲームの途中途中で物語を中途半端に見せることで「この先どうなるんだ？早く先に進みたい！」と、まるで連続ドラマの予告編のような効果を持つこともあります。物語は、ゲームを飽きさせることなく先に進ませるのに大きな力を発揮します。

逆に物語側からの視点で見ると、「ゲーム」もまた物語に特殊な効果を与えています。プレイヤーが積極的に関わる「ゲーム」を介することで「物語を自分で体験する」という感覚を味わわせることもできます。

「HEAVY RAIN －心の軋むとき－」は、「物語を体験する」というコンセプトをストイックなまでに突き詰めたアドベンチャーゲームです。「車の扉を開ける」「車のキーを回す」など、一見

どうでもいいような動きも、全てプレイヤーにコントローラで操作させ、体験させるという、かなり特殊なゲームです。正直、「面倒くさいな」と思うこともあるのですが、そのシステムの延長上で「自分の指を切断する」という特殊な経験もコントローラを介して実体験する羽目になります。

「HEAVY RAIN」は極端な例だとしても、RPGでずっと一緒に戦ってきたパーティのキャラクターが戦闘で死んでしまったり、その仲間を殺したボス敵を自分で倒したりといったゲームの構成は、ゲームを通して物語を実体験させていることに他なりません。文字や映像で受動的に提供される物語とは明らかに異質の感動を、ゲームは与えることができるのです。

物語とゲームが美しくリンクすると、ゲーム体験が何倍も厚く、充実感のあるものになります。特にプレイヤーキャラクターを操作するようなゲームでは、物語を積極的に盛り込んでいきましょう。

図10 「HEAVY RAIN －心の軋むとき－」
全ての動きをコントローラで入力させることで「物語を体験」させることにこだわっている

© 2010 Sony Interactive Entertainment Europe. Developed by Quantic Dream.

ゲームはそのシステムだけでも成立はします。ですが、魅力的なキャラクター、設定、物語を盛り込むことで、「達成感」とはまた違った魅力をゲームに盛り込ませることができます。厚みのあるゲームにするために、企画段階からキャラクター、設定、物語を付加することは常に意識しておきましょう。

> **まとめ**
>
> **01** ゲームに設定やキャラクターを盛り込むことで没入感を高められる。
> **02** ゲームに物語を盛り込むことで、ゲームの進行を実感させることができる。
> **03** ゲームを介して物語を体験させることも大きな魅力となりうる。

04 09 タイトルをつける

　さて、ここまでゲームの企画をまとめる作業をやってきました。曖昧だったアイデアが、肉付けされ、ゲームの全貌が見えてきて、ストーリーまで持つようになっているかもしれません。
　企画作業の最後の締めくくりです。ゲームに「タイトル」、つまり名前をつけてあげましょう。
　企画書の表紙、商品パッケージ、ゲーム起動後のタイトル画面、どんなシチュエーションであれ、そのゲームに触れるときに、最初に目にするのが「タイトル」です。
　そのゲームの印象を決定づける、極めて重要な要素です。企画、企画書を印象的なものとするために練りに練ったタイトルをつけましょう。

名作のタイトルに学ぶ

　過去の名作、人気作のタイトルを見てみましょう。タイトルをつけるときの色々な方向性が見えてきます。

●ゲームの目的を示す

MONSTER HUNTER（モンスターハンター）
- モンスターを狩るというゲーム内容直球のタイトルです。

DRAGON QUEST（ドラゴンクエスト）
- ドラゴンを求めて（探す）物語。ドラゴンクエストの第一作ではりゅうおう（ドラゴン）を倒すのが主人公の目的でした。

●主人公やメインキャラクターの名前を使う

人喰いの大鷲トリコ
- 主人公と行動を共にする生き物の名前をタイトルに据えています。人喰い、大鷲などひっかかりのあるフレーズを置くことで、注目したくなるタイトルになっています。

© 2016 Sony Interactive Entertainment Inc.

「ポケットモンスター」シリーズ
- メインとなるキャラクターの総称がそのままタイトルとなっています。

●ゲームを構成する要素をタイトルにする
PUZZLE & DRAGONS（パズル＆ドラゴンズ）
- パズルでドラゴン（敵モンスター）と戦うゲーム。パズルRPGとしてこの上なくわかりやすい、王道のタイトルです。

© GungHo Online Entertainment, Inc. All Rights Reserved.

DrumMania/GuitarFreaks（ドラムマニア／ギターフリークス）
- アーケード向け中心の音楽ゲーム。演奏楽器とその熱心なファン[*17]を指します。

●敵の名前をタイトルにする
SPACE INVADERS（スペースインベーダー）
- 迫りくる敵の名前をタイトルに採用しています。宇宙からの侵略者という、直接的なネーミングセンスで世界観を想像しやすくなっています。

© TAITO CORPORATION 1978 ALL RIGHTS RESERVED.

---

*17　Mania/Freaksはいずれも熱狂的なファンを意味。

●物語的なシチュエーションをタイトルにする

biohazard（バイオハザード）
- 生物災害。ウィルスによりゾンビが大量発生している状況を示します。

絶体絶命都市
- 都市で自然災害に巻き込まれたという作中のシチュエーションを示しています。

●雰囲気を伝える

THE IDOLM@STER（アイドルマスター）
- アイドルのトップ（マスター）を目指していくという作品の雰囲気や世界観が伝わってきます。

© BANDAI NAMCO Entertainment Inc.

●字面が面白い

塊魂
- 「つくり」が同じ漢字を2つ並べていることによる視覚的な面白さがあります。塊をつくりだすゲーム性ともマッチしたわかりやすいタイトルです。

© BANDAI NAMCO Entertainment Inc.

●言葉を作る

SPLATOON（スプラトゥーン）
- 「SPLAT」＝「びしゃ」という擬音、「PLATOON」＝軍隊の「小隊」の2つの単語を組み合わせた造語です。インクの液体感とTPSとしての軍隊感を一つの言葉で表現しています。

　興味深い例を、いくつかは実際のタイトルロゴを上げながら、紹介しました。タイトルの言葉だけでなく、その後のデザインでも印象はだいぶ変わってきます。
　タイトルのつけ方もいろいろです。ゲームに限らず、映画や漫画、なんならお菓子の名前の付け方も参考になります。
　ストレートに中身を伝えるのもいいですし、あえて分かりづらくして「なるほど、そういう意味だったのか」と思わせるのもアリです。意味は薄くても雰囲気がいい……というようなつけ方

も面白いでしょう。タイトルはゲームの「顔」になります。企画時点から、少なくとも自分で十分に納得のいくタイトルをつけてあげましょう！

> **まとめ**
> **01** ゲーム企画の締めくくりはタイトルをつけることである。
> **02** タイトルはゲームの「顔」である。
> **03** いろんな作品や商品の名前に触れ、参考にしよう。

> **COLUMN** その他の作中要素をタイトル名に冠する
> 主人公や敵キャラクター以外の作中の重要要素をタイトルに冠することもあります。未知の生命体の名前の「メトロイド（主人公はサムス・アラン）」、登場人物の名前の「ゼルダの伝説（主人公はリンク）」、兵器の名前の「メタルギア」などは有名な例です。

CHAPTER 05

企画書で伝える

　ゲームのアイデアを生み出し、ゲームシステムを考え、世界観や設定で盛ることができれば、大まかなゲーム企画は形になったと言えます。

　ただ、この段階では自分の中で「いい企画ができたな」というただの自己満足に過ぎません。その企画を様々な人に提案し、共有し、意見を募り、多くの人から「これは商品化する価値がある」と認められて初めて「企画」に意味が生まれます。企画は人に伝えてなんぼなのです。

　人に、企画を伝えるために作るのが「企画書」です。この章では、企画書の役割と書き方について解説していきます。

05
01 企画書の役割

「企画書」とは一言で言うなら「ゲームの企画を分かりやすくまとめた書類」です。企画書は制作の現場だけにとどまらず、販売直前の宣伝、広告の現場まで、数多く活躍する場のある極めて重要な書類です。企画書が登場する現場をいくつか見ていきましょう。

● **企画会議**

あらゆるゲーム制作は企画書からスタートします。ゲーム会社では、企画書を元に企画会議が行われます。企画会議は「このゲームを制作するのかどうか？」「制作するならいくらの予算をかけ、どれくらいの期間をかけるのか」が議論されます。ビジネス上の観点から企画が吟味されます。

大きなゲーム会社では定期的に企画会議が行われ、常に複数のプロジェクトを並行して進めることになります。小さなゲーム会社では一つのプロジェクトが終わると企画会議が行われ、会社全体で次にどんなゲームに取り組むかが議論されます。

いずれにしても、そのゲームの売上が会社の業績を左右することになるので、企画には厳しい目が向けられます。特に小さな会社はそのプロジェクトの成否が会社そのものの存続に関わることもあるので、企画会議は真剣そのものです。

この際にゲームの中身や、商品化する意図・意味を把握するのに使われるのが企画書です。いかにこのゲームが素晴らしく、市場に出す価値があるのかを企画書を通して説得する必要があります。

03-01でややネガティブに書いた「プロデューサー的企画」「アナリスト的企画」は、データの裏打ちがある分、企画会議ではかなり説得力を持ちます。私たちが目指す「プランナー的企画」は内容が新しい分、助けになるデータは希薄です。保守的な上層部だとなかなか首を縦に振ってはくれないでしょう。面白さ、その商品を作る意味を前面に押し出した企画書で、企画会議で「開発GO」を勝ち取らなければなりません。

● **チームメンバーとの企画共有**

企画会議で見事「開発GO」を勝ち取り、プロジェクトが正式に発足すると、チームのメンバーが招集されます[*1]。企画会議の前からまとまったチームがある場合もありますし、少しずつメン

[*1] 第1章を参照。

バーが集められることもあります。

　いずれにしても、これから数カ月、長い場合は数年単位で共に戦う大事な仲間です。やはりノリノリで仕事をしてもらう必要があります。企画書をベースに丁寧に企画を説明し、メンバー全員にこれから作るゲームの意味・意義を浸透させなければなりません。

　開発スタッフはクセが強くプライドの高い「職人」が多いものです。モチベーション高く仕事に取り組んでとんでもなく良いものを仕上げてくれる時もあれば、「言われたとおりにやればいいんでしょ」と淡々と仕事を消化するだけのこともあります[*2]。

　何に重きを置くかはメンバーによって違いますが、共通して言えるのは良い職人ほど作るものに意味を求めるということです。「これは作る価値がある！」というやる気を引き出せれば、完成するゲームに必ず大きな差となって現れます。

　企画会議では、ビジネスの成功が焦点でした。対してチームのメンバーへの共有の際は、やはりゲームそのものの「新しさ」「面白さ」が大きなポイントとなります。企画書を共有して、メンバーが「これは面白い！」「こいつぁ業界に新風が吹くぜ！」なんて気持ちになってくれれば、いい作品になることは半分約束されたようなものです。しっかりと「新しさ」「面白さ」をアピールできる企画書で、メンバーと企画共有できるよう準備します。

● 宣伝会議

　制作も末期になると広告や宣伝の会議が始まります。その際にも企画書は重要な役割を果たします。

　広告や宣伝というのは言ってみれば、ゲームを買ってくれるプレイヤー、つまりお客さんへのアピールです。広告、宣伝ではゲームの内容を正しく、効果的に展開する必要があります。

　そのためには広告・宣伝を手掛けるプロモーションスタッフや広告代理店のスタッフが正確にゲームの魅力を理解している必要があります。広告、宣伝スタッフは制作チームとは別の人間ですから、改めてゲーム内容を知ってもらわなければなりません。

　また、雑誌やインターネットのゲームサイトで情報を取り扱ってもらうこともあります。パブリシティなどと呼ばれます。その際にも、どのようにそのゲームを紹介してもらうのかはパブリシティのスタッフが細かくゲームの魅力を知っていなければなりません。

　通常、この段階ではゲームも形になってきており、ゲームをプレイしてもらうことも可能です。ただ、企画書があれば、より的確に素早くゲームの魅力が伝わります。企画書はそのゲームの個性や魅力を一言で表したコンセプトが書かれており、広告、宣伝はそのコンセプトをいかにお客さんに伝えるかを考えることになります。

　良いプランナーはゲームの企画を考えるときに、広告・宣伝のアピールになることも同時に考えます。アピールポイントをしっかり押さえた良い企画書があれば、そのまま広告・宣伝のベースになるのです。

---

*2　プロがそれでは困るのですが、筆者の経験上実際にあります……。

番外編：就職活動の企画書

最後に少し特殊な例として、就職活動時の企画書を紹介します。

本書は、プロのゲームプランナーとしての就職を目指す学生を想定して書いています。

ほとんどのゲーム会社の就職には「作品」の提出が必須となります。プランナーでの就職を目指す場合、その作品とは「企画書」になることがほとんどです（ちなみにプログラマーなら、プレイできるゲームの実行ファイルとプログラムのソースコード、デザイナーなら、イラストやCG画像や映像作品を提出することになります）。

就職活動の企画書だからと言って何か特別なことはありません。面白く、かつ売れそうなゲームの企画を書類にまとめるという点では、ゲーム会社内で企画を通すための企画書となんら変わりはありません。ただ、使用用途は大きく異なります。就職活動用の企画書は「書いた本人」を見定めるための書類です。

プランナーの就職活動では以下のような点が企画書を通して総合的にチェックされます。

- ゲームの企画とはどのようなものか把握しているか
- 企画として何か「新しい」ことにチャレンジする意志が見えるか
- 論理的で説得力のある書類になっているか
- 見やすく、分かりやすい書類がつくれているかどうか
- 書いた人物の好み、得意分野、就職してやりたいことが垣間見えるか
- ゲーム市場の動向などをある程度は理解しているか
- ビジネスの考え方が分かっているかどうか（特にソーシャル系）
- 正しい日本語が書けているか
- 常識はあるか

会社や担当者によってどこを重視するかはそれぞれですが、どの会社でも概ね上記のような項目をチェックしています。

どんなに良い企画でも上記のチェック項目で著しくできていない部分があれば書類審査で落とされてしまいます。逆にイマイチな企画でも、上記の項目をシッカリと押さえられていれば採用されることもあります。

もちろん一番いいのは、良い企画をシッカリとした書類で作り上げることです。

企画書が使われる現場について紹介しました。どの現場でも求められるのは、シッカリと内容が「伝わる」ということです。次の節からは、伝わる企画書の書き方について解説していきたいと思います。

紙面版 電脳会議 **一切無料**

今が旬の書籍情報を満載してお送りします！

『電脳会議』は、年6回刊行の無料情報誌です。2023年10月発行のVol.221よりリニューアルし、**A4判・32頁カラー**とボリュームアップ。弊社発行の新刊・近刊書籍や、注目の書籍を担当編集者自らが紹介しています。今後は図書目録はなくなり、『電脳会議』上で弊社書籍ラインナップや最新情報などをご紹介していきます。新しくなった『電脳会議』にご期待下さい。

大幅増ページでボリュームアップ！

◆ 電子書籍・雑誌を読んでみよう！

| 技術評論社　GDP | 検索 |

 で検索、もしくは左のQRコード・下のURLからアクセスできます。

https://gihyo.jp/dp

1. アカウントを登録後、ログインします。
   【外部サービス(Google、Facebook、Yahoo!JAPAN)でもログイン可能】

2. ラインナップは入門書から専門書、趣味書まで3,500点以上！

3. 購入したい書籍を 🛒カート に入れます。

4. お支払いは「**PayPal**」にて決済します。

5. さあ、電子書籍の読書スタートです！

●**ご利用上のご注意**　当サイトで販売されている電子書籍のご利用にあたっては、以下の点にご留
■**インターネット接続環境**　電子書籍のダウンロードについては、ブロードバンド環境を推奨いたします。
■**閲覧環境**　PDF版については、Adobe ReaderなどのPDFリーダーソフト、EPUB版については、EPU
■**電子書籍の複製**　当サイトで販売されている電子書籍は、購入した個人のご利用のみを目的としてのみ、閲覧
　ご覧いただく人数分をご購入いただきます。
■**改ざん・複製・共有の禁止**　電子書籍の著作権はコンテンツの著作権者にありますので、許可を得ない

◆ Software Design も電子版で読める！

電子版定期購読が お得に楽しめる！

くわしくは、
「**Gihyo Digital Publishing**」
のトップページをご覧ください。

🎁 電子書籍をプレゼントしよう！

Gihyo Digital Publishing でお買い求めいただける特定の商品と引き替えが可能な、ギフトコードをご購入いただけるようになりました。おすすめの電子書籍や電子雑誌を贈ってみませんか？

こんなシーンで…
- ご入学のお祝いに
- 新社会人への贈り物に
- イベントやコンテストのプレゼントに ………

◉ギフトコードとは？ Gihyo Digital Publishing で販売している商品と引き替えできるクーポンコードです。コードと商品は一対一で結びつけられています。

くわしいご利用方法は、「Gihyo Digital Publishing」をご覧ください。

トのインストールが必要となります。
را行うことができます。法人・学校での一括購入においても、利用者1人につき1アカウントが必要となり、
への譲渡、共有はすべて著作権法および規約違反です。

電脳会議
紙面版

新規送付の
お申し込みは…

| 電脳会議事務局 | 検索 |

で検索、もしくは以下のQRコード・URLから
登録をお願いします。

https://gihyo.jp/site/inquiry/dennou

一切無料！

「電脳会議」紙面版の送付は送料含め費用は
一切無料です。
登録時の個人情報の取扱については、株式
会社技術評論社のプライバシーポリシーに準
じます。

技術評論社のプライバシーポリシー
はこちらを検索。

https://gihyo.jp/site/policy/

技術評論社　電脳会議事務局
〒162-0846　東京都新宿区市谷左内町21-13

まとめ

01 「ゲーム企画」を分かりやすくまとめた書類が「企画書」である。
02 ゲーム制作の様々な段階で「企画書」は重要な役割を果たす。
03 プランナーの就職活動にも企画書は必須である。

COLUMN 「伝える」手法

　一般的に知られている説得力のある「伝える」手法、PREP法について簡単に解説しておきます。ゲーム企画書にも履歴書の自己PR文などにも応用できるので知っておいて損はないです。

PREP法
　Point（結論）→ Reason（理由）→ Example（事例、具体例）→ Point（結論）の順で伝える手法です。読み手が一番集中している冒頭に結論を伝え、理由と具体例で説明、最後にもう一度結論を言いダメ押しする…という伝え方です。

　他にもホールパート法やSDS法なんてものもありますが、共通しているのは最初に大事なことを要約して伝え、その後に詳細を伝えるという構成です。
　本書の企画書の書き方の説明でも大事なこと（ゲーム企画の場合はコンセプト）を先に伝え、その詳細を伝えていく…という構成になっています。冒頭で読み手、聞き手の心を「掴む」というのは何かを伝えるときにとても重要なのです。

05 02 企画書を書く準備

　本章では、「プランナーの企画書」の書き方の解説をしていきます。
　プランナーの企画の理想形は今までも紹介してきたように、新しいゲームを考え出すことです。それを伝える企画書も新しいゲームの魅力、個性を伝えるものになるべきです。
　プロになると、市場規模、売上見込み、制作予算など、企画にもビジネスの要素が必須になってきます。しかし、本書では、まずは「面白さ」を伝える企画をしっかりと表現できるようになることを目的とします。
　ゲームの魅力が伝わらないとビジネスもへったくれもありません。まずはそこをシッカリ伝えられる企画書を作れるようになりましょう[*3]。

　ゲームの企画書に「コレ」と決まったフォーマットは存在しません。コマ割りにしたマンガ形式でゲームの内容を説明したものや、細長い紙に企画内容を書き、ぐるぐる巻きにした「巻物」型の企画書の例もあるくらいです。

"まだ存在しないゲームの魅力を伝える"

　これがそもそもの企画書の役割です。その役割を満たしていればどんな形でも問題ありません。
　ただし、「分かりやすく確実に伝える」という意味では、伝える順番や、書類の書き方などにちょっとしたコツがあります。この本ではそのコツを元に、ある程度フォーマット化した企画書の書き方を解説しようと思います。

　さて、具体的な書類の書き方については次の節からにして、この節では、一般的な企画書を書くのに必要な「準備」について列挙していきます。

[*3] 予算やどの市場を狙うかといったビジネス上の視座は実際に配属される現場で変わってきます。本書ではより本質的で、どの現場でも役立つ面白さにフォーカスします。ビジネス面の話は「05-02企画書に書く項目⑧その他」で触れます。

パソコン

現代の企画書はパソコンで書くのが一般的です。パソコンで作られた企画書は簡単に編集でき、電子メールへの添付などデータとしてやり取りできるのも魅力的です。多くのゲーム会社では、新卒採用の際に紙ではなく、データ形式での企画書の提出を求めています。

パソコンでの企画書作成のためには、基本的なパソコン操作、タイピング技術は必須です。これらの技術はゲーム会社で仕事をする上でも間違いなく求められます。プロのプランナーを目指すのであれば、パソコンに慣れ親しんでおくことは必須です。自分でもパソコンを持っておくのが理想的です[*4]。

PowerPoint（Microsoft Office）

パソコンで企画書を作る場合、最もよく使われるのが、Microsoft Officeのプレゼンテーションソフト PowerPoint です。

プロジェクターで画面に映すことを前提にした横長のフォーマットで、図や画像、映像添付などグラフィカルに何かを説明するのに優れています。ゲームの企画は特に絵や図を用いて説明することが多いので、PowerPointが好まれます。

状況によってはMicrosoftのWordを使うこともあります。Wordは文書編集に優れたソフトなので、文章量が多くなる場合はこちらを選択します。ただし、文字数の多い書類は目を通すだけで時間がかかるので、基本的には好まれません。WordはPowerPointで作った企画書で大枠の了解が出た後、さらに詳しい内容を求められた際に使われることが多いです。

PowerPoint、WordともにMicrosoftのOfficeシリーズの製品です[*5]。

[*4] 企画書を書くのにハイスペックなパソコンは必要ありません。数万円で基本的なソフトウェアが入ったノートパソコンが買える時代ですから、本気でゲーム会社への就職を考えるのであればパソコンは準備しておきたいところです。OSは、ほぼすべての会社で間違いなく使われているWindowsが望ましいです。広く使われているOSを使うことで、送った相手が企画書のデータを開けなかったり、本来の意図した状態で書類を見れなかったりといったトラブルを防げます。

[*5] OfficeはWindows系のパソコンにプリインストールされていることもあります。パソコン購入の際にはPowerPointが同梱されているかなどを確認するといいでしょう。パッケージやサブスクリプション（定額課金制のプラン）でOfficeを購入してもいいです。学生はOfficeを安く使えるプランなどが用意されていることがあるので、確認してみましょう。

図1　PowerPointとWordの比較

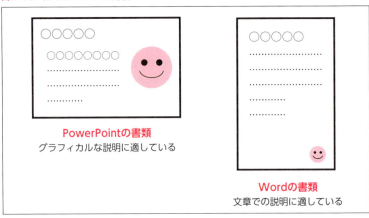

この本では、より一般的なPowerPointでの企画書作成を前提に解説していきます。

画像収集・作図・編集

　グラフィカルで印象に残る企画書作成に必須なのが、絵や図です。

　ちょっとした絵や図の使い方の違いで、企画書に目を通す人の理解度と受ける印象は大きく変わってきます。企画意図を伝えるのに適した画像を手に入れることは、時には企画が通る／通らないに直結するほど重要なことです。

　自分で絵が描ける人（プランナーにとっては大きな武器です！）は、最も適した絵を自分で準備すればよいのですが、そのスキルを持った人は少数派でしょう。

　自分で絵を準備できない人はインターネットを活用することになります。画像検索を駆使して、自分の企画のイメージを伝えるのに適した画像を探しだします[*6]。

　また、これらのインターネットで見つけ出した画像は、サイズを変更したり、不要な部分を切り取ったり、別の画像と合成したり、編集を必要とすることが多いです[*7]。デザイナーほどの技術は必要ありませんが、簡単な画像編集ができると大幅に使用用途が広がります。

　画像を加工するためのソフトを画像編集ソフトと呼びます。代表的なものにAdobe Photoshopがあります。Photoshopは高価な上、プランナーには高機能すぎます。まずはフリーソフトのGIMPやWindowsに付属するペイントなどを使えるようになればよいでしょう。プロでやっていくつもりなら、ある程度の機能は使いこなせるようになっておきたいものです。

　自分で絵が描ける人は、直接タブレットで描いたり、紙に描いた自分の絵をスキャナーで取り

[*6] 画像の著作権については注意が必要です。パブリックドメインなどの利用に際して制限のない画像を用意したり、フリー素材サイトを活用したりと用途に応じて問題ない画像を選ぶようにしましょう。
[*7] 編集を禁止している画像もあります。

込んだりしてもいいでしょう。スキャナーはコンビニにも置いてあります（便利な時代です）。

データ収集環境

　企画用の資料を集める環境も整えておきましょう。環境といっても、インターネット接続環境さえあればとりあえず問題はありません。

　企画の参考となるジャンルの過去作の研究や題材の資料収集（歴史、神話、スポーツ、音楽など）には欠かせません。また、企画したゲームに説得力を持たせるために、過去の似たジャンルの作品の調査を行うこともよくあります。

> **MEMO　関連作品の調査**
>
> 同一ジャンル・同規模のゲームの日・米・欧の各市場での売上本数や評価などは、ゲームのビジネスを考えるときにとても重要なデータになります。海外のサイトですが、「VGChartz（www.vgchartz.com）」は、過去の各地域でのゲームの売上が調べられるプロのプランナー御用達のサイトです。また、「Metacritic（www.metacritic.com）」で集積されているレビュー点数（メタスコア）も業界で広く認知されているデータです。

国語力・文章力

　グラフィックで伝える……と言っても、企画書には説明の文章が必要です。

　分かりづらい文章はもちろん、文字数が多い企画書は嫌われます。少ない文字数で、分かりやすく文章を書ける国語力・文章力があれば、プランナーには大きな武器になります。

　企画書用の文章を作る能力は、長文の文章を作る作文能力というより、短く切れ味のある広告のコピー（宣伝文句）を作る能力に近いかもしれません。短い言葉で伝えるには、言葉のチョイスが重要です。的確な言葉を選ぶには、言葉の選択肢、つまり語彙力がたくさんあるに越したことはありません。

　普段から、たくさんの文章に触れ、言葉の感覚を磨き、多くの言葉・表現力を身に付けましょう。

面白い企画を思いついている

　最後に最大の準備です。企画書を書く最大の準備は「面白い企画を思いついていること」です。

　「何を当たり前のことを……」と思うかもしれませんが、現実はネタが無いのに締切があり、「不本意だけどこれで……」という、体裁だけ整えた企画書ができあがることがほとんどです。

　自分の気分が乗っていない企画を企画書にまとめる作業はなかなかしんどいものです。プランナーなら、「次に企画書出す機会があったら、どれ出そう♪」というくらい、自信のあるネタを常にストックしておきたいものです。

まだネタが無いのなら、3章、4章に立ち返り、自分が「イケる！」と思えるネタを手にするまで考え続けましょう。

　作業環境と必要最低限のPCスキル、国語力・文章力、そして、最高のネタ！以上のものがあれば、企画書を作る準備は完了です。せっかく考えた自分の最高のゲームアイデアを、余すことなく……いや、むしろ本来の魅力以上に魅力的に伝える企画書を作り上げましょう！

まとめ

01 ゲームの企画書はパソコンで、PowerPointを使って作成する。

02 PowerPointの企画書は画像が必須！
インターネットで画像を入手し、画像編集ソフトで加工すべし。

03 企画を魅力的に分かりやすく伝える国語力も必須。
普段から国語力を上げる努力をしよう。

04 普段からアイデアを探し、ネタを温めておこう。

COLUMN　ちょっと心配な若者のパソコン離れ

　最近のスマホブームの影響で、若い人たちのパソコン離れが進んでいるようです。スマホはアウトプットの端末としては非常に便利で魅力的な商品ですが、文字を入力したり、少し複雑な作業をするのには不向きです。ゲームを作ったり、書類を作成するには、まだまだパソコンが必要不可欠です。もしパソコンに苦手意識を持っているなら、なるべく早くパソコンを購入し、タイピングや基本的な操作に慣れることをお勧めします。プランナーは特にPowerPoint、Excel、画像編集ソフトは「相棒」と呼べるものなので、基本操作は習得しておきましょう。

05-03 「コンセプト」を伝える

プランナーの企画は、「このゲーム、面白そうだな」と思わせれば8割方勝ったも同然です。「このゲーム売れそうだな……」と思わせることも大事ですが、それを考えるのはプロデューサーの仕事です。プランナーは、まずは「面白そう」と思ってもらえる企画書を目指しましょう。

ここで言う「面白そう」とは、「他にない個性的な経験をさせてくれそう」という期待感です。ゲームとしての「面白い」を持っていても、それがありきたりのものなら、期待感は薄いものになってしまいます。

例えば、「ジャンプして敵を踏んづけて先に進むゲーム」は、「面白い」ゲームにはなると思いますが、「ほぼスーパーマリオじゃん」と言われて見向きもされないでしょう。つまり何か新鮮で個性的な体験をさせてくれそうな「面白そう」という期待感が足りないのです。

プランナーの企画は「個性」が重要です。前節でも書きましたが、まずはそういう企画を考えついていることが企画書を書く大前提の準備です。

「面白そう」な「個性」を一言で表したものが「コンセプト」です。企画書で伝えるべきは、この「コンセプト」とそれを「どう実現するか」です。

企画書で伝えるべきもの＝「コンセプト」＋「コンセプトの実現性」

それぞれについて解説していきます。

コンセプト

コンセプトとは、そのゲームの特徴・個性を一言で表した言葉です。「03-02 アイデア→コンセプト」でも紹介しましたが、改めて具体例を下記に挙げてみました。

「モンスターハンター」のコンセプト
　　友達と協力して巨大なモンスターを狩るACTゲーム

「メタルギア」のコンセプト
　　敵地に単独潜入し敵に見つからないように進むACTゲーム

「スプラトゥーン」のコンセプト
ペンキの水鉄砲でステージに色を塗る子供も遊べるTPS

　企画書は、これらのコンセプトを、的確に、端的に伝えることが目的になります。ほとんどの企画書で、タイトルや基本情報を除くと、このコンセプトが先頭のページで紹介されます。企画をチェックする側も、どんなに時間がなくても表紙とコンセプトのページだけは目を通すので、コンセプトで相手の興味を惹きつけることは大きなポイントとなります。

　コンテストの審査員や、新卒の採用担当で、300人の応募者の企画書を50に絞る……というような作業が発生した場合[*8]、全ての企画書を最初から最後まで目を通すのは困難です。表紙（タイトル）とコンセプトを見て、最初の○×をつけるという振るいをかけ、魅力を感じたものだけに絞ってしまうということがあります。また、企画会議でも厳しい経営者だと、コンセプトのページを紹介したところで却下されることもあります。企画書のコンセプト以降のページは、そのコンセプトの詳しい説明と、それ以外の取るに足りない情報しか無いことが分かっているからです。

　コンセプトのページで「これはイケる！」と確信させるか、「ほう……これはどういうことだ？」と興味を持たせることができなければ、企画書の次のページを読み進めてもらうことはできません。魅力的な企画を的確にコンセプトの言葉で表すということは、企画を通すために、とても大事なことです。

コンセプトの実現性

　企画書のコンセプト以降のページは、「そのコンセプトを具体的にはどのようにゲームとして実現させるのか？」の解説になります。

　コンセプト自体は、一、二行の簡素な言葉に過ぎませんから、さすがにゲームの全てを伝えることはできません。企画書を通して、そのコンセプトをどのようなシステムで実現していくのかを具体的に解説していく必要があります。

　コンセプト以降のページでは……

ゲーム画面イメージ	ゲーム画面のイメージを伝える
ゲーム概要	大まかなゲームシステムの特徴を伝える
ゲームルール	大まかなゲームルールを伝える
詳細説明	ゲーム概要で挙げた特徴のさらに詳しい説明
世界観、ストーリー	コンセプトを強化するものに限り記載

[*8]　実際によくあります。

……などの項目で、コンセプトをいかにゲームとして実現するかを説明します。これらの各項目については後で詳しく説明します。

大事なのは、「コンセプトから外れたことは書かない」ということです。コンセプトから外れた情報が書かれると途端に伝えたいことがぼやけてしまいます。

コンセプトと関係の無いことを書かない

企画書というものをキチンと理解していない人の企画書を見る機会があります。それらの中でよく見かけるのが、コンセプトと関係の無い、世界観やストーリー、キャラクターについてクドクドと書かれた、いわゆる「中二病」と呼ばれる「俺の世界を見ろ」的な企画書です。

また、細かいアイテムの紹介や、必殺技のパラメータが、一生懸命書かれた、まるでゲームの設計図である「仕様書」のような企画書を見かけることもあります。「『肉』を食べると体力が10回復します」というようなことが全アイテムについて書かれているような企画書です。

これら、渾身の力を込めて書かれた物語や細部の情報は、残念ながら苦労の甲斐なく、ほとんどは「うへえ」といううめき声とともに読み飛ばされてしまいます。それらの細かい情報は企画書の段階で求められていないからです。読み手がゲームの企画書に求めているのは、そのような細かい情報ではなく、コンセプトとその具体的な実現法のみなのです。

企画書は通常、非常に文字数の少ない10ページ程度の書類です。伝えられる情報には限りがあります。コンセプトをしっかり伝え、理解してもらうだけでページ数はいっぱいいっぱいです。コンセプトと直結しない物語や細部にページを割く余裕はありません。

話がコンセプトからそれると、企画書の読み手が混乱してしまい、何が企画の焦点なのかが分からなくなってしまいます。企画の焦点はあくまでコンセプトのはずですから、それ以外の話題は邪魔になってしまうのです。企画書は最初から最後までコンセプトに関連したことを書くべきだと言っても過言ではないのです。

企画書を書くにあたり、企画書では「コンセプト」と「コンセプトの実現性」が伝わればよいということを、まずは頭に入れておいてください。余計な情報は不要です。ついつい思いついた色々なことを詰め込みたくなりますが、まずはシンプルに一番伝えたい部分であるコンセプトを伝えることに注力しましょう。

まとめ

01 企画書ではコンセプトとその実現法が伝われば十分である。

02 それ以外の情報は読み手を混乱させるだけのものくらいに考えてよい。

05 04 分かりやすく伝えるために

　企画書の役割は「コンセプト」と「コンセプトの実現性」を伝えることです。しかし、的確に伝えるというのは案外難しいものです。
　自分でプレゼンテーション（説明）ができる機会があれば、その場その場で生じる疑問に自分で答えることができます。ですが、企画書を提出するだけの場合はそうはいきません。就職活動やコンテストなど、提出するだけの企画書は、その書類だけでしっかりと伝えたいことを「伝える」ことが必要になってきます。
　この節では、的確に「伝える」ための考え方やコツを紹介していきます。

「読み手」を想像する

　根本的な考え方として、提出する企画書には必ず、「読み手」がいます。まずその相手について想像をしてください。
　多くの場合、企画書チェックをする担当者は他の業務に多忙です。長々と書かれた文章を最初から最後まで読む、分かりづらい内容を分かるまで読み込む……、そんな時間が取れるほど働く大人は暇ではありません。企画書を読んでくれる相手が「全部読んでくれるに違いない」「理解する努力をしてくれるに違いない」という甘い考えは捨ててください。大量の企画書を見る就職活動、コンテストならなおさらです。
　前節でも書きましたが、確実に見てもらえるのは、「表紙（タイトル）」と「コンセプト」のページまでだと思っていてほぼ間違いありません。
　企画書の全てを読んで欲しいのであれば、「どうすれば最後まで読み進めてもらえるか」という意識でいることが大事です。

興味を持たせる

　企画書を最後まで読み進めてもらうのに大事なのは、「興味を持たせる」ということです。人は興味さえあれば、多少、書類の体裁や文章が拙くても最後まで企画書を読んでくれます。確実に目を通してもらえる「コンセプト」のページで企画全体に興味を持ってもらえれば、一通り企画書には目を通してもらえるはずです。しっかりと興味を引くコンセプトであることは何よりも大事なことなのです。

各ページ単位でも「興味を持たせる」ことは重要です。企画書の1ページのレイアウトは右図のような形が基本です。

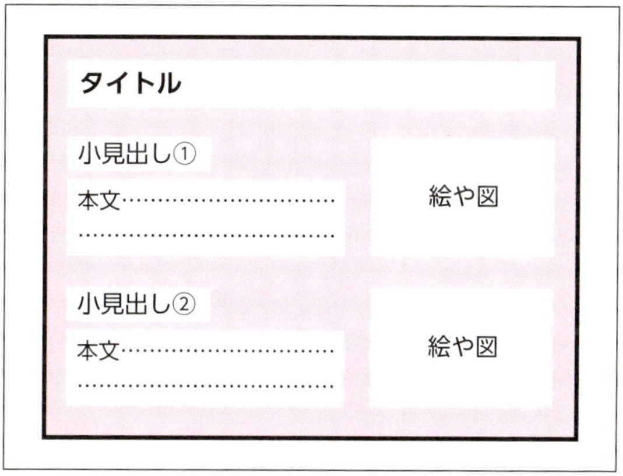

この「タイトル」や「小見出し」、「絵や図」で興味を引かなければ、「本文」まではなかなか読んでもらえません。各ページでも「タイトル」や「見出し」で、しっかり興味を引くことが大事です。興味を持ってもらえれば理解しようという気持ちも高まり、「本文」の細かい字も読んでみようという気持ちになります。

図2　1ページのレイアウト

企画書全体の掴みとなる「表紙」「コンセプト」でしっかり興味を引き、各ページでも「見出し」や「絵や図」で読み手の興味を煽ることが重要です。細かい内容も大事ですが、まず目に付く部分が勝負であることを忘れないようにしてください。

分かりやすく伝える順番

コンセプトに興味を持ってもらったら、今度は「分かりやすく伝える」ことが重要です。せっかく興味を持って企画書を読んでもらっても「結局、何を言いたいのか分からなかったなぁ」となってしまっては意味がありません。

企画に限らず、分かりやすく物事を伝えるには、情報を伝える順番が大事です。

例えば、自己紹介をするときを想像してみてください。最初に「○田×介です。○×大学文学部3年です。」と、名前と身分から話し始めると思います。名前も言わずにいきなり「好きな食べ物はカレーです」と話し始めたりはしません。何かを説明するときは、まず「大枠」から紹介し、徐々に「詳細」の話を初めます。そうすることで、物事が整理されて聞き手（読み手）の頭に入ってくるわけです。企画書でも、この「大→小」の順番は非常に重要です。

企画書の多くは、以下のような順番で構成されます。

① 表紙（タイトル）
② 基本情報（対応ハード、ジャンル、ターゲット）
③ コンセプト
④ ゲーム概要
⑤ 画面イメージ
⑥ 詳細な説明

⑦ 世界設定・物語
⑧ 操作説明
⑨ セールスポイント

ゲーム内容によって、多少の順番の入れ替わりはありますが（操作が個性的なら、操作の説明を前に持ってくるなど）、この流れでまとめることが一般的です。

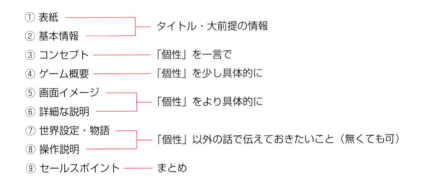

各項目の役割を書くと、上記のようになります。ゲームのコンセプトを、順を追って「大→小」の順で説明していることがわかると思います。また、コンセプトの話から外れる部分（⑦世界設定、⑧操作説明）は、コンセプトの話のかたまりの後にすることで、もっとも伝えたいコンセプトの話を邪魔しないようにしています。

言いたいことをコンセプトに絞り、「大→小」の順番で伝えていく、この原則ををまずはしっかり頭に入れてください。

本節では分かりやすく伝えるための大枠の考え方について説明しました。次節では、伝える順番で紹介した各項目について、詳しく解説していきます。

まとめ

01 企画書は読み手に「最後まで読ませる」という意識で書くこと。

02 最後まで読ませるには、コンセプトや見出しで「興味を持たせる」ことが大事である。

03 興味を持たせたら、しっかり伝えることが重要。「大→小」の順に整理して情報を伝える。

05 企画書に書く項目① 表紙

前節で「興味を持たせる」「伝える順番」の大切さについて説明しました。

本節からは、複数の節に渡って、より具体的に企画書の各ページにどのようなことを書くべきかを解説します。

念のため、ここで説明する企画書についての想定、注意事項です。

- パワーポイントを使ったA4横向きのレイアウトでの解説です。
- ビジネス面のアピールは重視していません。ゲーム内容を重視したプランナーの企画書を想定します。
- 説明する項目の順番はあくまで一般的な「伝わりやすい」順番です。何が重要なのかを検討して順番は臨機応変に変えてください。
- アイデア、企画が整ってから書き始めましょう。企画自体がまとまっていないのに書き始めると行き詰まってしまいます。
- あくまで企画書そのものについての解説です。パワーポイントなどのツールの使い方は別途勉強してください。

また、**企画書のフォーマットに「コレ」という決まりはありません**。一つの型を紹介すると「こうでなくてはいけないのか……」と必要以上にとらわれる人がいますが、これは**あくまで基本形の紹介**であることを認識しておいてください。

それでは筆者が教える専門学校の学生のK君が書いた企画書の画像を参考に、各ページの解説をしていきます。

表紙

表紙はどんな企画書でも100%見てもらえる大事な部分です。手を抜かずしっかりと作りましょう。白い背景に、そっけないフォントのタイトルだけ……、なんてことがないようにしてください。

図3 K君の「キャッチキャッスル」の企画書の表紙

●タイトル

タイトル（題名）はゲームの「顔」です。タイトルを記載するときは、フォント（文字の書体）や色、文字の効果などに気を配ってください。ゲームの雰囲気を伝える大事な「顔」ですから、その見せ方もとても重要です。

Windowsのシステムフォントだけでも様々な書体があります。ゲームのイメージに合ったフォントをチョイスしましょう。また、フリー（無料）のフォントがインターネットで公開されているので、それらを使うだけでもずいぶん印象が変わります（利用規約には気を付けてください）。

SPLATOON　　SPLATOON

SPLATOOON　　SPLATOON

可能ならデザインされたタイトルロゴ（タイトルを図案化したもの）を作りたいところです。画像編集ソフトなどで画像として作成し、表紙に貼り付けましょう。ちょっとした画像編集ができるようになると企画書の見た目をグッと上げることができます。

●制作者、作成日

企画書の制作者名、身分、作成した日付を記載しましょう[*9]。

●イラスト

ゲームのイメージを伝えるイラストが準備できるなら、表紙のレイアウトに加えましょう。舞

[*9] コンテストによっては、公平な審査のために記載を禁じている場合があります。制作物提出時は募集要項をよく確認するようにしてください。

台設定の背景画や、主人公の顔のイラストなど、物語の雰囲気を伝えるのもいいですし、動きのあるキャラクターのイラストなどでゲームの雰囲気を伝えるのも効果的です。

ゲームのパッケージや、映画のポスターなどをイメージして、グッと読み手の心をつかむ表紙を目指したいところです。

● 背景

PowerPointでは、初期状態はただの白い背景です。企画書全体に言えることですが、素っ気ない白い背景はできれば避けたいところです。特に表紙は企画書の顔ですから、表紙全体を占める背景でゲームのイメージを伝えたいところです。

パワーポイントの「デザイン」機能で背景を選ぶこともできますが、ビジネス感満載の面白味のない背景がほとんどなので、ゲームの企画書ではあまり使用しません。

図4　PowerPointに内蔵されている背景。ゲームに使うには遊び感が物足りない。

イラストがある場合、そのイラストの邪魔にならないように薄い色をグラデーションで敷く程度でも構いません。イラストやタイトルをしっかり立てる背景が望ましいからです。

イラストが無い場合はゲームのイメージに近い画像を背景に敷くと雰囲気が伝わり、企画の「顔」としての表紙がグッと魅力的に見えます。その際、タイトルなど必要な情報が目立たなくならないように、背景に透過処理を行い、淡い色で敷くなどの工夫が必要になります。

表紙は企画書の「顔」です。手を抜かず、しっかり完成させましょう。

まとめ

01 表紙は必ず目を通してもらえる企画書の「顔」である。
02 タイトルはフォント、色に気を配り、可能ならロゴデザイン化しよう。
03 イラストや背景でゲームのイメージを伝えよう。

06 企画書に書く項目② 目次、基本情報

2ページ目　目次

　表紙[*10]の次は目次を作ります。冒頭で企画書の大まかな構成を確認できるようにするためです。

```
■目次

    P3    基本情報
    P4    コンセプト
    P5    ゲーム概要
    P6    画面イメージ
    P7    ゲームの特徴①
    P8    ゲームの特徴②
    P9    ゲームの特徴③
    P10   世界設定・ストーリー
    P11   操作方法
    P12   セールスポイント

                              2
```

　プレゼンテーションを行う場合は、「○ページに××と書いてありますが……」と、ページ数を見て質問されることもあるので、目次を作成しページ数を振ることは必須となります。

　目次は企画書が一通り形になってページ数が確定してから作るのがよいでしょう。もし「5ページ以内」などページ数に厳しい制限がある場合は端折ってしまって構いません[*11]。

＊10　表紙を1ページ目とカウントしています。
＊11　今回例にしたK君の企画書も目次を端折ってます。

3ページ目　基本情報

ゲームについての基本的な情報を企画書の冒頭に書いておきます。

```
■基本情報

ジャンル　：〇〇〇〇
プレイ人数：〇～〇人
対応機種　：〇〇〇〇
ターゲット：〇〇〇〇〇〇〇〇〇〇〇
　　　　　　〇〇〇〇〇〇〇〇〇〇
                                    3
```

ジャンル、ターゲット、プレイ人数、対応機種等をあらかじめ知らせておくことで、どのような方向性なのかを読み手の頭にインプットすることができ、その後に展開する個性的なゲーム内容の理解を促すことができます。

基本情報は、数行で済むことがほとんどなので、ページ数の制限があるなど、ページ数を抑えたい場合は、表紙に書いてしまいましょう[*12]。

● **ジャンル**

ゲームジャンルを記載します。

ジャンル名は「アクション」「RPG」など、一般的な名称を使うのもアリですが、コンセプト（個性）を強調するために独自のジャンル名を作ることも効果的です。

ジャンル名にルールは無く、プロの作品でも独自のゲームジャンルを謳った作品は多数存在しています。

---

*12 例として用いているK君のスライドでもそうしています。

テーマ＋ゲームジャンル
　世界観や物語のテーマとゲームジャンルを組み合わせたタイプです。

　　恋愛シミュレーション　（「ときめきメモリアル」）
　　なつやすみアドベンチャー　（「ぼくのなつやすみ」）
　　真実の強さを追うRPG　（「テイルズ オブ レイズ」）

遊びの個性を強調
　変わった遊ばせ方やアクションを用いる場合、そこを強調して命名。

　　ラバーリングアクション　（「海腹川背」）
　　ロマンチック転がしアクション　（「塊魂」）
　　ハイスピード推理アクション　（「ダンガンロンパ」）

　プロの世界でも、隙あらば個性を強調しようという意図が見て取れます。サラッと読み飛ばされるような部分でも気を抜かない意識が大切です。ただ何を言いたいのか分からなくなると本末転倒です。「一般的なゲームジャンル名＋α」程度にとどめましょう。
　また、「２D」「３D」「VR」等、画面についての情報も付加しておくとより理解が深まる場合もあります。特にVRなどの特殊なデバイスを使用する場合は明記しておきましょう。

　　記載例
　　- ２D横スクロールアクション
　　- ３D探索アドベンチャー
　　- VRシューティング

●ターゲット

　「ターゲット」にはどういう人に向けたゲームなのかを記載します。ターゲットは販売本数を考える上で重要な情報です。ターゲットに定めた人が世界にどれくらいいるかが販売本数を考える上で母数となるからです。多くの場合、その年代にウケた同ジャンルのゲームの売上本数を元に販売本数を予測します[*13]
　記載するポイントをまとめます。

- 性別
- 年齢・年代（小学生低学年、中高生、成人……等）

[*13] 就職活動などでゲーム会社に提出する場合はそこまで考えているかどうかをチェックされる可能性があります。しっかりと考えましょう。

- 地域（日本、米国、欧州、アジア…等）
- 属性／嗜好性（RPGファン、FPSユーザー、ライトユーザー、ホラー好き……等）

　特にターゲットを定めないような場合は「全年齢」と記載しておけばよいですが、気を付けて記載しないと「深く考えてないのか？」と思われる危険性もあります。
　また、たまに「ジャンプするのが好きな人」など、謎のターゲットを記載する人がいます。しかし、こういったものはあまり印象がよくありません。ある程度人数規模を予測できる根拠のあるものでないとターゲット設定の意味が無いからです。

　　記載例
- 小学校低学年男子
- JRPGファン
- FPSコアユーザー

　特にターゲットを重要視する企画の場合、ゲームの紹介に入る前にターゲットの分析について数ページ割く場合があります。
　例えば、「60代以上のシニア層に向けたスマホアプリ」というような、ターゲット設定自体がコンセプトになるような企画の場合は、そこを選んだ理由や、実際にどれくらいの市場規模（買ってくれそうな人の大まかな人数）が期待できるか、その層が何を求めているか、社会的意義など「商品化する意味や価値」に説得力を持たせるデータが必要になります。

●プレイ人数

　プレイ人数はゲーム内容を理解するうえで必要な情報です。
　企画書を読み進めていて初めて「あ、これ対戦ゲームなのか……」と気づいてしまうようでは困ります。複数人でプレイすることが前提のゲームの場合は必ず冒頭で強調して伝えておきましょう。また、複数プレイの場合、通信を行うのかどうかもここで明記します。

　　記載例
- 1人
- 1～4人（通信プレイ）
- 2人協力プレイ専用
- 4人通信対戦専用

●対応機種

　どのハード（あるいはOS）で遊べるのかを明記します。
　特にVRやスマートフォンなど、対応機種によって操作や印象が大きく変わるものは確実に冒

頭で伝わるようにしましょう。

記載例
- PlayStation 4
- Nintendo Switch
- Windows
- Oculus Rift + Touch[*14]
- iOS /Android

●**制作環境**

　実際にゲームとして完成した作品をコンテストに出す場合、制作環境を明記するように指示される場合があります。

　その場合は、使用したプログラム言語やゲームエンジンについて明記しましょう。ゲームエンジンの場合はバージョンまで記載しましょう。

記載例
- C#
- C++
- Unity 2017.1
- Unreal Engine 4.16

　目次と基本情報について解説しました。人によっては読み飛ばすような部分ですが、しっかりと丁寧に考えて記載しましょう。

> **まとめ**
> **01** ページ数に制限が無い限り目次はしっかり作成しよう。
> **02** 基本情報には、ジャンル、プレイ人数、対応機種、ターゲットを記載しよう。
> **03** どの項目もしっかり「伝える」ことを意識し、手を抜かずに考えて書こう。

[*14] VRハードウェア。

05-07 企画書に書く項目③ コンセプト

4ページ目　コンセプト

　さて、タイトルと、企画の大前提となる基本情報を伝えたら、いよいよ「コンセプト」です。企画書の中でも最も重要なページになります。

　大量の企画書をチェックする場合、筆者は第一段階として、表紙とこのコンセプトのページを見て「しっかり見る」企画書と「ボツ」の企画書を選定しています。おそらく、コンテストの審査員や新卒採用担当者も同様のチェックをしています。

図5　K君の「キャッチキャッスル」の企画書のコンセプトのページ

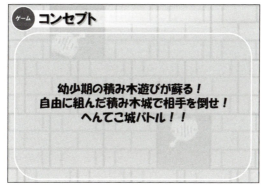

　「**コンセプト＝企画の個性を一言で表す言葉**」です。コンセプトに魅力や興味を感じなければ、その先を見てもその企画には意味が無いと思われてしまいます。コンセプトの一言には細心の注意を払う必要があるのです。できるだけ簡潔かつインパクトのある言葉で、「お？なんだ？これは？」と興味を持ってもらうことを意識しましょう。

　コンセプトのページには、1～3行程度の簡潔な言葉で、「コンセプト」のみをドンと記載しましょう。最も重要な一言ですから、他の余計な情報は記載せず、コンセプトだけをしっかり伝えることにページを割いてください。

●コンセプトの伝え方：簡潔に一言で

コンセプトを書くときは確実に伝わるように、最も特徴的な企画の骨子を簡潔な一言で書きましょう。

「モンスターハンター」のコンセプト
友達と協力して巨大なモンスターを狩るACTゲーム

このように、企画のもっとも個性のある部分を切り取って簡潔に分かりやすく記載します[*15]。
企画考案時に、他にもいろいろと細かいことまで考えていると思いますが、最も大事な個性だけを切り取り、なるべく短く伝えることを心がけてください。
また、コンセプトが、他のゲームでもあるような要素になっていないかを再チェックしましょう。たとえば、「モンスターハンター」のコンセプトを切り取る時に、「素材を集め、武器を強化する」「ミッションをクリアし報酬を手に入れる」のように、他のゲームでもあるような要素を切り取ってはいけません。これらは「モンスターハンター」のゲームを支える重要な要素ではありますが、個性（＝コンセプト）とまでは言えないものです。こういった個性以外の要素をコンセプトに書いてしまうケースが意外と散見されます。
自分の企画の一番とんがった個性をしっかり抜き出し、ナイフのように切れ味の鋭い一言でコンセプトを表現しましょう。

●コンセプトの伝え方：キャッチコピーにする

コンセプトの伝え方として、やや上級になりますが、「キャッチコピー」にして記載する……という手法もあります。たとえば、「モンスターハンター」のコンセプト、「通信で友達と協力して巨大なモンスターを狩るACTゲーム」を、

一狩り行こうぜ！

とだけ、記載するやり方です。
簡潔にそのまま**「通信で友達と協力して巨大なモンスターを狩るACTゲーム」**と記載するより、より洗練されて、楽しげに伝えることができます。
このようにコンセプトをより短く、洗練された言い方にまとめなおした言葉を「キャッチコピー」と言います。
「一狩り行こうぜ！」は実際に「モンスターハンター」シリーズでキャッチコピーとして使われている言葉ですが、この一言で、「仲間と協力して狩りをするゲーム」というコンセプトが的確に、かつ楽しげに伝わるのが分かると思います。非常に優れたキャッチコピーです。

[*15] のちに同じコンセプトの類似のゲームがたくさん出てきましたが、モンスターハンターが出た当時は明確に「個性」でした。

ただ、どうしても言葉足らずになりがちなので、こういったコピーを使うなら、

```
■コンセプト

    一狩り行こうぜ！

   通信で友達と協力して
  巨大なモンスターを狩るACTゲーム
```

というように、簡潔なコンセプトの言葉とセットで記載します。すると、伝えたいことも確実に伝えられ、より効果的です。

ちょっとした一言を伝えるにも、工夫し、洗練された言葉を使うようにしましょう。プランナーは「言葉」が武器になります。何を切り取り、どう言葉にするかは常に問われていると考えるべきでしょう。コンセプトの一言は、ゲームの内容だけでなく、プランナーの言葉のセンスも問われているというつもりで襟を正してよく吟味して記載してください。

> **まとめ**
> **01** コンセプトのページは必ずみられる最重要なページである。
> **02** 余計な情報を加えず、企画の個性を簡潔で効果的な言葉で表現しよう。
> **03** 洗練されたキャッチコピーと併用するとより効果的である。

05 08 企画書に書く項目④ ゲーム概要

5ページ目　ゲーム概要

　コンセプトを伝えたら、ゲームの概要を伝えましょう。概念的な一言であった「コンセプト」を一段階具体的にして、ゲームの特徴として説明します。

図6　K君の「キャッチキャッスル」の企画書の企画概要のページ

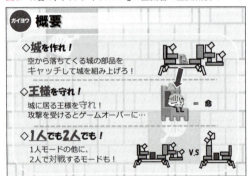

　「ゲーム概要」では、ゲームの特徴を3つほどの項目に分けて説明するのが一般的です。それぞれの項目について、「見出し」「絵・図」「本文」で構成し、それを3セット書くのがよいでしょう。ページを分けてもいいのですが、一覧として1ページに収まっている方が、読み手には親切です。
　K君の「ゲーム概要」のページをベースに説明をしていきます。

●項目の順番について

　「ゲーム概要」で、3つの特徴を伝える際も、「大＞小」の法則に気をつけます。①「城を作れ！」でより大きな情報を伝え、②「王様を守れ！」③「1人でも2人でも！」でやや細かい特徴を伝えます。こうすることで、読み手が頭の中で整理して理解することができるようになります。
　例では、①で作品のコンセプトである「自由に組んだ積み木城で相手を倒せ！へんてこ城バトル!!」について具体的な説明を行い、②③でそのコンセプトを支えるルールやシステムの説明をしています。つまり、①で主となる大枠を伝え、②③で従となるやや細かい話をしています。

05-08 企画書に書く項目④ ゲーム概要

　　　　　　　　①　＞　②、③

の関係になっています。②、③が①より先に説明されると混乱して分かりづらくなってしまいます。分かりやすく伝えるために、順番には気を配りましょう。

●見出し

　各項目には「見出し」をつけます。例で言うと「城を作れ！」「王様を守れ！」「1人でも2人でも！」の部分です。

　見出しでは内容を一言で分かりやすく伝えましょう。たとえ細かい文字の「本文」まで読んでくれなくても、主要な言いたいことが伝わりきるように書きましょう。文字数は10文字以内を目途に簡潔に書くことを心がけてください。インパクトのあるフォントで、本文より大きなフォントサイズを使用し、しっかりアピールしましょう。

●本文

　本文は各項目の説明文を書きます。文字数をある程度使えますが、やはり簡潔に分かりやすい文章で伝えることが重要です。

　全体で2-3行程度に抑え、短めの文章で書きましょう。長い一文で書きたくなりますが、文章は短く1-2行に区切った方が伝わりやすくなります。

　また、なるべく単語の途中など、中途半端な位置で改行しないようにしましょう。読み手がスムーズに読みやすくなるよう常に気を配ってください。

　本文は文字数も多くなるので、フォントは読みやすさを重視し、あまり遊びのあるフォントは使わず、プレーンなフォントを使うようにしましょう。

●絵・図

　各項目には、それをビジュアルで説明する絵や図を添えましょう。本文は読んでもらえなくても、絵や図は自然と目に入ります。見出しと絵・図で伝わるように、項目の説明に沿う絵や図を考えて準備しましょう。

　もし、ゲームが完成している状態であれば（コンテストや就活などではありえます）、その項目に合ったゲームのスクリーンショット（画面写真）を添えるのも効果的です。

　イラストを準備するのはなかなか大変ですが、ネット上のフリーの画像を加工して使ったり、下手でもいいのでイメージが伝わるイラストを手描きで描いてスキャナーで取り込むなど、頑張って準備しましょう[16]。

---

*16 K君はデザイナーに描いてもらったイラストとPowerPointの「図形」の機能を駆使してイラストを準備しています。

コンセプトがやや概念的で、それだけだと具体的なイメージがしづらいのに対し、「企画概要」はゲームの中身を具体的に伝える最初の入り口です。やはり非常に大事なページなので、気合を入れて作りましょう。

> **まとめ**
>
> **01** コンセプトの後に「企画概要」でゲームの個性を3つ程度伝える。
> **02** 企画概要は「見出し」「本文」「絵や図」で構成する。
> **03** コンセプトに沿って簡潔に分かりやすく書くことを心がける。

> **COLUMN** 「コンセプトとゲーム概要」のレイヤー
>
> 　企画の用語は定義が曖昧で複数のプランナーがいるとしばしば議論になることがあります。その中でも「コンセプト」は一番の曲者の言葉です。そもそもコンセプトは「概念」という意味で、企画の世界では「その企画の方針・狙い・動機」のような意味で使われます。何かゲームを作ろうというときに「狙い」には多重な階層があります。例えば以下のような階層です。
>
> 　①ゲームを作りたい＞②子供に売れるゲームを作りたい＞③子供向けに今までにないジャンルのゲームを出したらどうだ？＞④子供向けに TPS を出したらどうだ？＞⑤弾じゃなくてインクを撃ち合う TPS なんてどうだ？＞⑥インクで陣地を塗りあうルールだと面白そうだ＞………
>
> 　どれも「狙い」のはずですが、①②をコンセプトと言う人はさすがにいません。ですが、③〜⑥辺りで派閥が分かれてきます。私は④⑤⑥をひっくるめて「インクで陣地を塗りあう子供向け TPS」と「まとめる派」なので、本書もそのような解説をしています。ですが、「インクで陣地を塗りあう」はもはや「ゲーム概要」で、コンセプトはあくまで「狙い・動機」だから、「子供向けに無かったジャンルを提供する」や「子供向け TPS」までだ……とこだわりのある「厳密解釈派」の人も多いです。どちらで書いても企画内容が変わるわけではないのですが、コンテストや就活で提出する際は厳密解釈派の人に合わせて「ゲーム概要」に当たる部分は抜いて書く方が安心かもしれません。

05-09 企画書に書く項目⑤ 画面イメージ

6ページ目　画面イメージ

　コンセプトとゲーム概要を伝えたら、画面のイメージを早めに見せましょう。画面を早めに見せることで、読み手に直感的にゲームの方向性を知らせることができます。画面イメージが最後の方にあると、「3Dのゲームだと思って読んでいたら2Dのゲームだった」などということが起こってしまいます。

図7　K君の「キャッチキャッスル」企画書のゲーム画面のページ

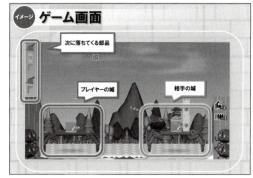

　画面イメージは、ゲームの最終形が想像できるように準備します。ポイントとしては、以下の要素が分かるようにするべきでしょう。

- 画面構成
- UI
- 各項目名・解説
- どのようなゲームか
- ゲーム概要（※ページ数制限がある場合）

　それぞれについて解説していきます。

●画面構成

ゲーム画面がどのように構成されるか分かるようにします。

ゲームの企画内容を理解するために確実に伝えたい部分です。下記の要素は伝わるようにしましょう。

- 2Dなのか3Dなのか
- カメラの視点

画面をビジュアルで示すことで、2Dなのか、3Dなのかを把握できるようにします。ゲームの内容に大きく関わる部分なのでここは確実に伝わるようにしましょう。素材が揃わずイラスト等で説明する場合は、画面外に「※実際は3Dで構成されます」などの注意書きを足しましょう。

また、カメラの視点についても重要です。どの視点で見た画面なのかが分かるようなビジュアルを準備しましょう。カメラの視点は、企画の段階で脳内プレイをして、しっかり吟味しましょう。

下に視点の種類をいくつか記載しておきます。

- 2Dトップビュー(真上からの見下ろし視点)
- 2Dクォータービュー(斜め上から見た視点)
- 2Dサイドビュー(真横からの視点)
- 3D一人称視点(FPS等、VRも含む、2Dでもありうる)
- 3D三人称視点(TPS等)
- 3D固定カメラ(2Dのゲーム性をベースにしたものが多い)
- ……

少なくとも、これらのどのカメラの視点なのか把握できるような絵作りをしましょう。

●UI(ユーザーインターフェース)

画面イメージにはUI(ユーザーインターフェース)を入れましょう。

UIとは「スコア」「ライフゲージ」「装備武器アイコン」など、画面に表示される情報です。UIはゲームシステムを理解する上でとても重要なものです。特に特殊なUIを使うようなゲームシステムの場合は、画面イメージに入れておくことは必須です。

●各項目名・解説

画面イメージ内の各項目から線を引き、それぞれの名称、必要があれば解説を記載します。

「プレイヤーキャラクター」「敵」や、各UI(「スコア」「ライフゲージ」等)について記載しましょう。そのゲームの特徴となるものがあれば、解説を加え、アピールしてもよいでしょう。

05-09 企画書に書く項目⑤ 画面イメージ

●どのようなゲームか

　画面イメージは、そのゲームの「代表的な」「面白そうな」一場面を切り取って見せるようにします。画面イメージを見て「あー、そういうゲームね」と読み手に理解してもらえるのが理想です。

　「スーパーマリオブラザーズ」ならマリオがジャンプして敵を踏み潰している場面でしょうし、「メタルギアソリッド」ならスネークが物陰に隠れて敵をやり過ごしている場面、「モンスターハンター」なら巨大な敵と複数のプレイヤーが戦っている場面が適当でしょう。K君の企画書でも、パーツが落ちてきて、二つの城が対戦している様子＝「一番メインとなる遊び」が切り取られています。

　ゲームが完成していない時点で、ビジュアルを準備するのは大変ですが、フリーの画像などを加工したり、あるいはUnityにフリーの３Dモデルを配置してスクリーンショットを撮ったりするなど、工夫をしましょう。これらの素材を揃えるスキルを持っているとプランナーにとってとても有利です。

●ゲーム概要

　もしページ数に制限がある場合は、画面イメージとゲーム概要をセットで１ページにまとめるのも手です。

　やや窮屈な感じにはなりますが、ページ数に制限がある場合はやむを得ないでしょう。画面イメージの画像を使ってゲーム概要の説明をするなど、工夫をしましょう。

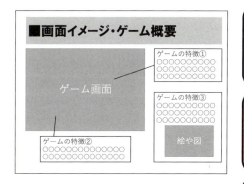

　「画面イメージ」はビジュアルでゲームの雰囲気を伝える絶好のページです。画像を準備するのは大変ですが、自分のゲームをアピールするために最大限の努力をしましょう。

　コンセプト、ゲーム概要、画面イメージのページに目を通すことで、読み手は大まかにゲームの概略を掴んだはずです。逆に言うと、この段階で大まかに内容を理解し、興味を持ってもらえないと、この先のページは見てもらえません。命をかけて、しっかり魅力を伝えるページに仕上げてください。

> **まとめ**
> **01** 「画面イメージ」はゲームの雰囲気を伝える絶好のページ。
> **02** 画面の構成、UI、ゲーム内容が伝わる画像を準備しよう。

05
10 企画書に書く項目⑥ 遊び方、詳細説明

7-9ページ目　遊び方、(各項目の)詳細説明

　コンセプト、ゲーム概要、画面イメージで、大まかにゲームの概略を説明したら、今度はより詳細にゲーム内容を伝えます。ルールやシステムなど大まかな「遊び方」とその「面白さ」を伝え、アピールするべき個性的な項目についてより詳しく説明します。

　「7-9ページ目」と書きましたが、内容によってはもっとページを割いても構いません。企画書の序盤（つかみ）で興味を持ってくれていれば、読み手はある程度のボリュームには付き合ってくれます。場合によっては一つの項目について2-3ページ、全体で10ページほど使っても差し支えないです。

図8　K君の「キャッチキャッスル」企画書の詳細説明のページ

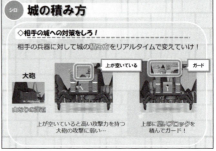

05-10 企画書に書く項目⑥ 遊び方、詳細説明

　K君の遊び方、詳細説明の例を載せてみました。レイアウトは自由ですが、基本は「見出し」「小見出し」「絵や図」「本文」で構成されます。それぞれの注意点は05-08でお伝えしたこととほぼ同じです。次の原則は変わらないことを覚えておいてください。

- 「見出し」「小見出し」で興味を引き
- 「本文」はできるだけ短く簡潔に
- 「絵や図」で伝えることを心がけ
- 情報は「大＞小」の順で伝える

　説明になると途端に文章だけになる企画書を見かけます。これは読むのが苦痛なだけでなく、圧倒的に伝わりづらくなります。企画書では、絵や図を使った「ビジュアルプレゼンテーション」に徹してください。

● 遊び方（流れ、ルール・基本システム）

　詳細の説明では、まず、ゲームを正しく理解してもらうために、ゲームの流れや、ルール、基本システムなど、ゲームの基本的な「遊び方」について解説しましょう。

　「プランナーの企画」であれば、この部分にゲームとしての個性・特徴があるはずです。図や絵を駆使して、多少のページを割いてもいいので、個性ある「遊び」を全力でアピールしましょう。

まずは、ルールやシステムを紹介し、しっかりとそのゲームの個性的な「遊び方」を理解してもらいましょう。例えば、スマホゲームを世の中に浸透させた名作「パズル＆ドラゴンズ」であれば、次のようなものになるでしょう。

ゲームの流れ

① 自分が育てたモンスターでチームを組む
　↓
② パズルゲームで"ドロップ"を消す
　↓
③ 消したドロップの属性によりチームのモンスターが敵を攻撃する
　↓
④ ターン制で敵も攻撃をしてくる
　↓
⑤ 敵のHPが0になればクリア！
　味方チームの全モンスターのHPが0になるとゲームオーバー

図9　「パズル＆ドラゴンズ」は新しい遊び方をスタンダードなものにした

© GungHo Online Entertainment, Inc. All Rights Reserved.

今でこそよくあるスマホゲームのスタイルですが、「パズル＆ドラゴンズ」が出た当時は上記の「パズルゲームで戦うRPGの戦闘」がとても「個性的」な遊び方でした。

企画書では、そのゲームが持つ個性ある「遊び方」をしっかり伝えることが何よりも大事です（もちろん絵や図を使って！）。ゲームによっては、一つのアクションやシステムをしっかり紹介することが「遊び方」を伝えるのに効果的な場合もあります。自分のゲームを理解してもらうのに、どこを紹介するかはよく吟味しましょう。

●**具体的な一場面で「面白さ」を伝える**

遊び方の概要を理解してもらったら、そのゲームの最も盛り上がる一場面を紹介しましょう。例えば、「パズル＆ドラゴンズ」では……、

連鎖で大ダメージを与えろ！

　① パズル部分は組み立て次第で「連鎖」が可能！
　　↓
　② 運が良ければ更なる連鎖が！ドロップを大量消費！
　　↓
　③ 消費したドロップがチームのモンスターのエネルギーに！
　　↓
　④ 敵に大ダメージを与えろ！

……と、ゲームの最も盛り上がる場面（クライマックス）を紹介します。今回例に使っているK君の企画の場合なら、「部品崩落」のところでしょう。

　基本的な「遊び方（ルールシステム）」と、最も盛り上がる場面（クライマックス）を知ることで、「**なるほど、面白そうだな**」と、読み手に印象付けることができます。ここがしっかり伝われば、企画書のなすべき役割は達成したも同然です。

●それぞれの要素の詳細

　基本的な流れと、一番盛り上がる場面の紹介をしたら、それを構成する各要素の詳細を紹介しましょう。もちろん、この場合も絵や図を使うことは言うまでもありません。

　「パズル＆ドラゴンズ」の例なら、次の点をそれぞれにページを割いて紹介するべきでしょう。「パズル＆ドラゴンズ」は比較的要素が多いゲームなので、紹介すべき項目も多めになります。ページ数に制限がある場合は、説明する項目をよく吟味し、必要ならば1ページで2つの項目を紹介するなどの工夫が必要になります。

- パズルのルール
- 属性の種類と効果
- モンスターの入手方法（ガチャ）
- モンスターの育成（進化）のシステム

●コンセプトから外れないようにする

　遊び方、面白い一場面の紹介、構成要素の詳細……、これらのページで大事なことは、「コンセプトから外れたことは書かない」ということです。

　コンセプト、つまりそのゲームを理解してもらううえで一番重要なことを理解してもらうことが、企画書では最も大事だからです。コンセプトに何ら関連が無いことを書くと、読み手のコンセプトに対する理解が薄まります。最悪の場合、混乱を呼び、「なんだかよく分からない企画だった」という印象を与えかねません。

もし、コンセプトとは少し外れたことを書くのであれば、少しでもコンセプトと関連づけて紹介するべきです。
　例えば、「モンスターハンター」の「通信で友達と協力して巨大なモンスターを狩るACTゲーム」というコンセプトがあるときに、

- 敵を倒して素材を集め、装備を強化できる！

　これだけの説明ではコンセプトとは関係の無い情報になってしまいます。この情報だけではコンセプトの印象を強めることはできません。それでは、以下のような紹介があればどうでしょう？

- 友達と協力して強い敵を倒せば、装備を一気に強化できる！
- 強化した装備を通信プレイで友達に自慢しよう！

　どうでしょう？　同じ装備強化の話でも、「通信で友達と協力」するというモンスターハンターのコンセプトと関連づけて伝えることで、コンセプトを補強する情報として伝わるようになっています。このように、企画書を書くときは、脇道にそれず、「常にコンセプトを伝える」ということを意識して書くようにしてください。

　遊び方、詳細説明では、コンセプトに沿って、そのゲームの仕組みをシッカリ伝えましょう。イメージだけだったコンセプトを、どのように実現させるのか、具体的なゲームのシステムで紹介し、「なるほど、これは実現できるし、面白さも想像できるな」と読み手に確信させる部分です。説明することが多く、大変なページになりますが、手を抜かず、少しでも伝わりやすく書く工夫をしましょう。

まとめ

01 遊び方はまず、基本的な遊び方をシッカリ伝える。
02 ゲームの一番面白い一場面を切り取って紹介すると効果的。
03 どんな説明をするときもコンセプトと絡めることを忘れずに。

11 企画書に書く項目⑦ 世界観、操作方法、セールスポイント

10ページ目　世界観、物語、キャラクター

　ゲームの世界観、物語、登場人物のキャラクター設定などは、ゲームを構築する上で非常に重要な要素です。世界観、物語、キャラクターはイメージを刺激します。企画をする上でも、キャラクター性や物語性を持たせる方がゲームの内容も膨らませやすくなります。企画書でも世界観や物語を書いた方が、読み手の印象は良くなることもあります。

　ただし、プランナーの企画としてはあくまでも「主」はコンセプトで、世界観は「従」であるべきです。これは鉄則です。その意味でも、ページ数が限られた企画書で、キャラ紹介や世界設定等にボリュームを持たせるのは得策ではありません。長大な設定や、あらすじ、サブキャラクターの紹介まで入った、もはや「設定資料」と化した企画書を見ることがありますが、イラストが評価されることはあっても、その部分でゲーム企画が高く評価されることはありません。企画書では、世界観や物語はあくまで「ゲーム」の盛り上げ役であるというスタンスで控えめに抑えましょう。

　もちろん、世界観やキャラクターがゲームシステムと密接に繋がりがあるのであれば是非紹介すべきです。例えば重力が逆さまになっている世界のアクションゲームであれば、なぜそのような世界になったのか……という状況設定は企画の理解を助けるものになります。また、格闘ゲームのように、異なる必殺技を持つキャラクターがいることがゲームシステムを成立させているゲームであれば、キャラクターの紹介自体が「ゲーム」の紹介も兼ねることになります。その場合はある程度ページ数を割いても問題無いでしょう。

　ストーリー、世界観のページは、ゲームのイメージを伝えるのが目的ですから、背景やイラストにも気を遣いましょう。また、他のページに比べてある程度文字数を使っても構いません。とは言え長すぎるのは禁物です。200文字くらいに収めると、「読んでみよう」という気にもなります。とにかく読み手の負担にならないようにするのが、良い企画書の条件です。

11ページ目　操作方法

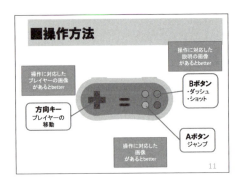

　操作方法のページでは、使用するデバイス（コントローラ、キーボード、マウス……等）のグラフィックを表示しましょう。そのグラフィック上の使用するキーやボタンから線を引き、該当する操作を簡潔に記入しましょう。アクションゲームであれば、該当するアクションのイラストがあるとさらに分かりやすくなります。

　コンセプトを強調するような操作がある場合は、このページでも強調しましょう。例えば「敵に見つからないように進む」がコンセプトの「メタルギアソリッド」では、「匍匐」や「壁貼りつき」、「ダンボールを被る」などの独自の「隠れる」アクションを強調することで、操作方法のページでもコンセプトをアピールすることができます。

　操作が簡易なものの場合、操作方法のページは必ずしも必要ではありません。RPGやシミュレーションゲーム、テキスト系のアドベンチャーゲームなどで、画面上のコマンドを選択するだけのゲームはわざわざ操作方法をする必要は無いでしょう。また、シンプルな操作のパズルゲームなども特にページを割いてまで、どのボタンで操作するかを解説する必要はありません。

　タッチパネルのゲームや、VRなどで特殊なデバイスを使うゲームは、操作方法があった方がよいです。読み手が操作をイメージしづらいものは、必ず操作方法のページを入れましょう。

　操作方法は、ある意味、「このゲームは、ちゃんとゲームになる」という証明でもあります。「こんなアクション、どうやって操作するんだ？」と思われてしまうようなゲームであれば、納得のいく操作方法でゲームになることを証明することが必須になります。逆に極めてシンプルなゲームであれば操作方法は不要です。コンテストや企業の募集要項で特に指示が無ければ、ゲームの特徴に応じてページの有無は書き手が判断してよいでしょう。

12ページ目　セールスポイント

　長らく解説してきた企画書も最後のページになりました。セールスポイントのページは、企画書の「最後のまとめ」だと思ってください。一通り企画書に目を通した後に、「この企画は、こんな内容でしたよ」と、読み手に整理してもらうためのページです。3つ程度の「ウリ」になるポイントを、簡潔に箇条書きにしましょう。

　この際に注意が必要なのは、「企画書内で紹介したこと以外のことは書かない」ということです。「最後のまとめ」ですから、ここで初めて新情報が出てきても「え？」となってしまいます。企画書内で紹介したことで、覚えておいてほしい3つのポイントを書くようにしましょう。

　一つめはコンセプトの再アピールに使いましょう。覚えておいてほしい最大の項目だからです。あとの二つは、ゲーム概要や詳細説明、世界設定などからアピールポイントを抜き出して書き出しましょう。

　文字数は20-30文字程度で簡潔に。絵や図は特に必要ありません。シンプルな文字だけのページにしてスッキリとまとめましょう。

　セールスポイントは「体言止め」で書くとスッキリと簡潔になります。「体言止め」とは名詞で終わる文章のことです。「パズル＆ドラゴンズ」を例にすると次のようになります。

- パズルとカードRPGを組み合わせた斬新な**ゲーム性**
- スマートフォンのタッチ操作を利用した**新感覚パズル**
- ガチャの**高揚感**と、それを支えるモンスターの**バリエーション**

　太字にした部分が名詞になっているのが分かると思います。体言止めにすることで、スッキリ整理されたイメージで企画書を終えることができます。

この節では、世界観・物語・キャラ設定、操作方法、セールスポイントについて解説しました。

　表紙からスタートし、この節までで、ゲームの企画書に必須の項目について網羅しました。次の節では、必須ではないけれども、場合によっては必要になってくる項目について解説をしていきます。

まとめ

01 世界観・物語は1ページで雰囲気を伝える程度にとどめる。
02 操作方法は入力デバイスの図とセットで簡潔に紹介する。
03 最後に箇条書きでセールスポイントを書くことで、大事なことを印象付けて終わる。

COLUMN　MiBookの衝撃

　専門学校の教員をしていると、年に100本近い学生の企画を見ることになりますが、その中で一番感心したのが「MiBook」というゲームです。スマホのタイトルなのですが、なんと手帳型スマホカバーを使って遊ぶゲームなのです。スマホのカメラの明るさセンサーで手帳の開閉を検知し、ゲームシステムに取り入れています。スマホを「本」に擬態するモンスター「MiBook」に見立て、カバーが開いている時は、ジャイロとボタンを使ってダンジョンを探索し、カバーを閉じることで、本に「擬態」して、隠れることができます。擬態した状態で勇者が近づいてきたら、カバーを開閉して勇者に「噛みつく」ことができます。スマホカバーをゲームに使うという発想と、それをしっかりゲームに落とし込む構成力にうならされました。こういう「とんがった」アイデアに出会えるのが専門学校の教員の楽しみだったりします。「MiBook」は「U-22 プログラミングコンテスト2017」で経済産業省商務情報政策局長賞を受賞しました。

05-12 企画書に書く項目⑧ その他の項目

　前節までで、作品の内容・コンセプトを伝えるために、企画書に必須となる項目について紹介してきました。ほとんどの場合、前節までの内容で「企画書」としては成立します。
　ただし、近年では課金型のゲームが増え、それを企画するプランナーにもビジネスの感覚が求められ始めてきています。この節では企画書に求められるビジネス面の項目について簡単に解説をしていきます[17]。

ビジネスプラン・事業計画

　ビジネスプランとは、「どのようにお金儲けをする計画なのか」を記載することです。本来、ビジネス面の責任者である「プロデューサー」が考えるべき内容であり、プランナーが書く企画書で、これを求められることは稀です[18]。
　ビジネスプランは「制作計画」と「販売計画」で構成されます。「制作計画」で、「どれくらいの予算でゲームを作るのか」を想定し、「販売計画」で「どのような売り方で、どれくらい販売する想定なのか」を試算します。その収支（売上予想 ― 予算）がプラスであれば、プロジェクトとして「成功しそう（儲かりそう）」ということになります。プロデューサーは数字に説得力を持たせるために、様々なデータを駆使して計画を立てます。
　ただ、それらを考えて計算できるようになるには、**十分な現場経験と知識が必要**です。学生など未経験者が導き出すのは非常に困難です。学生に対して「ビジネスプランまで書け」という指示があった場合でも予算や売上の収支には触れずに「販売戦略」について書くだけで構わないと考えています。

●販売戦略

　かつて、ゲームはゲームセンターで遊ぶものでしたが、「ファミリーコンピューター」に代表される家庭用ゲーム機が登場し、ゲームソフトの「パッケージ販売」がされるようになりました。その後、インターネットの普及に伴い、ダウンロードによる販売が普及。オンラインでのゲーム

---

[17] 筆者としては、これらについてはプロになってからでも遅くはないと考えています。
[18] 就活時、企業によっては、「どれくらいプロになる意識をもってゲームを考えているか」を推し量るために、志望者にあえてビジネスプランを必須とすることがあります。もし、企画書提出の際に必要項目としてあげられていたら、ここには必ず目を通してください。

の流通は、ゲーム・アプリケーション自体は無料で、アイテムに課金をする「フリー・トゥ・プレイ（F2P）」という仕組みなど、多様なビジネススタイルを生み出しました。

　企画したタイトルの内容や、制作規模によってどのような販売方法を取るかを計画することを、「販売戦略」と言います。まずは現在、どのような「売り方」があるのかを見ていきましょう。

・売り切り型のタイトル―パッケージ販売

　店舗や通信販売などで記録メディア[19]に収録されたゲームアプリを、しっかりとした「パッケージ」に入った形で購入する昔ながらのいわゆる家庭用ゲーム機のスタイルです。

　箱やメディアの製造費用、お店への配送や倉庫に保管するための流通の費用がかかるので、比較的高額な価格設定となってしまいます。制作規模の大きなタイトルだと、高額な価格にも説得力がありますが、小規模なゲームだと割高感が出てしまいかねません。

・売り切り型のタイトル―ダウンロード販売

　インターネットを介してゲームのデータを購入するダウンロード（DL）販売は、家庭用ゲーム機、パソコン、スマートフォン、ほぼあらゆるハードで主流になりつつあります。

　DL販売は記録メディアなどの製造費や流通の費用が掛からないので安価な価格設定ができることが一つの大きなメリットです。パッケージ販売と併用とする場合、少し価格を控えめにすることもあります。また、価格設定が自由にできるので、制作規模の小さめのタイトルにも向いており、数百円などで販売されるゲームも珍しくなくなりました。

　スマートフォン向けのタイトルでアイテム課金をしないものは、この販売形式を取ることがほとんどです。多くの場合、無料の「体験版」を後述する「広告収入形式」で展開し、そこで気に入った人が有料版を購入する……という形を取っています。

・追加コンテンツ

　ゲームアプリ本体を購入後に、追加のエピソードやステージ、アイテムなどがセットとなった「追加コンテンツ」を販売することも最近ではよく見かけます[20]。制作側としてはメインのシステムは完成しているので、大きな手間をかけずに追加で収益を上げられるのでメリットがあります。多くの場合、追加コンテンツはDL販売で展開されます。

　また、それらのコンテンツが全て内包された「完全版」的なアプリケーションを発売する…という戦略もよく見かけます。いずれにしろ、比較的大きめの制作規模のタイトルで利益を最大化するために用いられる販売戦略です。

　ゲームによっては1本のタイトルを分割して販売することもあります。アドベンチャーゲームなど、ストーリー仕立てのものは章ごとに販売するという形式を見かけます。1本当たりの販売

---

*19　DVDやBlu-Ray、その他各ハードウェアの特殊メディア。
*20　分冊で書籍をシリーズ販売し、一巻あたりは安いものの揃えるとなかなかの値段になるディアゴスティーニと似た戦略です。

価格を下げられるため、購入する際の心理的障壁を下げることができます。

・アイテム課金型のタイトル

　最近、主流となっているのがアイテム課金型のタイトルです。特にスマートフォンタイトルの多くがフリー・トゥ・プレイ（Free to Play、F2P）と言われるゲームアプリ本体や、基本プレイ部分は無料で、少額のアイテムに継続的に課金をさせるスタイルを採用しています。

　オンライン対戦（協力）系のゲームでよく見かけるスタイルで、アイテムを購入することで、戦闘をより有利に進められたり、アバターを豪華にしたりして対戦相手にアピールできるようになります。

　アイテムを消耗型にするなど、継続的にアイテムを購入してもらう工夫が必要となります。

・アイテム課金型のタイトル─ガチャ

　日本国内のスマートフォンタイトルでは「ガチャ」ビジネスが主流となっています。アイテム課金型の一種ではありますが、そのアイテムを使って「ガチャ」と呼ばれるくじを引かせるスタイルです。

　よくあるパターンは、複数のキャラクター（カード）でデッキを組ませ、各キャラクターに成長・進化の要素がある形です。キャラクターが常に追加され続け、後から出すキャラクターの方が強くなるように設定され、常に新しいキャラクターが欲しくなるように仕向けます。

　このスタイルは最初からそれを想定した企画である必要があります。「運営」と呼ばれる継続サービスのための仕組みが必要となるので、キャラクター追加の計画や、それを促すゲーム内イベントについても企画書に盛り込んでおきましょう。

・月額課金型のタイトル

　オンラインゲームの中には毎月一定の金額を支払うことでサービスを提供する「月額課金」型のものもあります。

　アイテム課金型の成功例が増えてくるに従って、敷居が高い月額課金サービスは数が減ってきています。新規企画で月額課金のビジネスを行うのは、よほどの狙いが無い限りは避けた方がよいでしょう。

　アイテム課金型のゲームで安価な月額課金を実施し、課金ユーザーに特別なサービスを実施する……という、ユーザー囲い込みのための施策の事例も出てきています。ただ、アイテム課金で成功したうえでの戦略なので特殊な事例と認識すべきでしょう。

・広告収益型のタイトル

　ゲーム内に広告のバナーを表示することで、広告収入を得るタイプのゲームもあります。ネット広告の代理店が作成するSDK（組み込みプログラム）をゲーム内に組み込むことで、広告のバナーや映像を表示させます。その広告の表示時間や、バナーから広告元のサイトへジャンプし

た回数で広告費が支払われる仕組みです。

　ゲームに限らず、インターネット上のビジネスは広告で成り立っていると言ってもいいくらい、広告バナーで溢れています。ただし、広告費の単価は安価なため、製作費が安い小規模のゲームであれば採算が取れますが、ある程度シッカリと作り込んだゲームでは、なかなか広告収益だけではビジネスになりづらいのが実情です。

　アイテム課金と併用、売り切り型タイトルの体験版を広告収入型で無料展開するという形が一般的です。企業に提出するゲーム企画だとすると、「商売になりづらい」タイトルという認識をされかねないので、選択しない方が無難です。

　代表的なゲームビジネスの展開について解説しました。ゲームによっては、複数の収益方法を持つものもあります。パッケージ販売とDL販売の両方を行うのは珍しくないですし、アイテム課金をしながら広告も表示するというゲームも多数あります。最近のゲームの収益構造はかなり複雑になってきています。

　もし、企画書で「ビジネスプラン」や「販売戦略」などを求められた場合は、自分の企画に合った販売方法を選択しましょう。就職活動中などの学生に対しては、企画を求める側もあまり精度の高いものは期待していないと筆者は考えています。ただし、ある程度、作品とビジネスの整合性が取れているかは確認しているはずです。その点に注意して企画書に盛り込みましょう。

ゲームフロー（ゲームサイクル）

　ゲームフローとは、ゲームの遊びの流れを図にしたものです[*21]。ゲームフローを見ることで、そのゲームが「継続して」遊べるのかどうかを確認することができます。

　右記の図は、「ポケットモンスター」に代表される、モンスターコレクション系のゲームフローです。「もっと強くなりたい！」の部分がゲーム継続のモチベーション（動機）となり、少しずつ強くなりながら、このサイクルをグルグルと周り続けることになります。

図10　ゲームフローの例

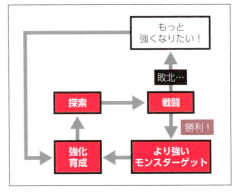

＊21　ゲーム画面の遷移図をゲームフローと言うこともありますが、ここで説明するのはそれとは違います。遷移図については仕様書の章でお話します。

スマートフォンのガチャ系のゲームもこの構造をベースにしたものがほとんどです。より強いキャラクターを継続的に追加していくことで、半永久的にこのサイクルを回すことができます。また、「もっと強くなりたい！」という欲求が課金に結びつき、ビジネスの根幹の説得材料にもなるわけです。

特にガチャで成り立っているスマートフォンのゲームをメインで作っている会社だと、企画書にこのゲームフロー[*22]を求めてくることがあります。スマートフォンタイトルでは、前述のような単純なサイクルに、他のユーザーとの対戦や、イベントの実施など、よりモチベーションを強くする要素が加わってきます。自分の企画に合致するイベント案なども追加すると、よりフローに説得力が生まれるので、考えてみましょう。

企画書で求められることのある、ビジネスプラン、ゲームフローについて解説しました。特にゲームフローは、最近の課金系のゲームでは必須という会社もあるので、求められた場合は書けるようになりましょう。

> **まとめ**
> **01** 企業によっては企画書に突っ込んだ内容を求めるところもある。
> **02** 販売戦略は自分の企画に合った販売方法を選択しよう。
> **03** ゲームフローは必須とする会社も多いので企画段階から意識しよう。

---

*22 「モチベーションフロー」と呼ぶこともあります。

05 13 伝わるきれいな企画書にする

　同じ内容のゲーム企画でも、企画書のデザインやレイアウトによって、伝わりやすさは全く変わってきます。読み手のことを考えずに、適当にレイアウトすると、最悪の場合、醜い（見にくい）企画書になってしまいます。

　ゲーム企画コンテストや、就職時に企業に提出する企画書は、それ自体が一つの「作品」として取り扱われます。ゲームの内容だけでなく、「書類」としての出来映えも評価の対象となるのです。同じゲーム内容なら、デザインやレイアウトがきれいな書類の方が当然評価は高くなります。

　ここまで言うと、「デザインの勉強なんてしたことない……」「絵は描けないんだよな……」と不安になるかもしれません。でも、それほど難しいことではありません。最低限の「ポイント」に気を配ることで、格段に「見た目」と「伝わりやすさ」が向上します。この節では、そのポイントの中でも特に学生によくアドバイスする項目を、かいつまんで紹介していきます。

フォント

　フォントとは、「文字」の書体データのことです。各項目のページでも少し説明しましたが、フォントの種類、サイズ、ウェイト（太さ）、色を使って、情報に強弱を持たせます。

●フォントの種類・サイズ

　統一感を持たせるために、一つの企画書であまり多くのフォントを使いすぎないのが、すっきり見やすい企画書を作るポイントです。

　使用するフォントは、ゲームの雰囲気に合わせて選択すればよいのですが、「見出し」には「ゴシック」など太くインパクトのあるフォントを大きめのサイズで使い、長めの文章を読ませる「本文」では「明朝」など大人しめのフォントを小さめのサイズで使用するのが基本です。企画書はあまり長めの文章は書かないので、本文も「ゴシック」でもよいですが、見出しとは太

> **見出しは大きく**
>
> **小見出しは中くらいで**
>
> 本文は大人しめのフォントで、サイズも小さめ、太さも細くした方が読みやすい。情報に強弱をつけると伝わりやすいです。

さやサイズで強弱をつけましょう。

「見出し」、「小見出し」、「本文」等、それぞれで使用するフォントの種類、サイズ、太さを決めたら、企画書全体でそのルールを統一させましょう。ページをめくるたびにフォントの種類やサイズが変わると、チグハグな整理されてない印象を与えてしまいます

●フリーフォントを活用しよう

ゲームの企画書は読みやすさと同時に、個性・インパクトも求められます。読ませる「本文」は読みやすいフォントを使うのが鉄則ですが、「見出し」は個性を出し、ゲームの雰囲気を伝えることに使いたいところです。強弱をつける意味ではゴシックで十分ですが、どうしてもありきたりの見た目になってしまいます。より個性をつけるなら、「フリーフォント」を探してみましょう。「フリーフォント」で検索すると、様々なフォントを見つけることができます。フォントをダウンロードし、自分のパソコンにインストールしましょう[*23]。

フォントによっては漢字が用意されていないので、似たイメージのフォントと組み合わせたり、漢字のあるフォントを粘って探しましょう。使用する際は「利用規約」をよく確認し、著作権を侵害することが無いよう著作者の使用条件を守るようにしましょう。

●色を使う

情報に強弱をつけるときに効果的な方法に、大事な情報にだけ「色」をつけるという方法があります。黒い文字の文章中に、一部分だけ赤い文字があれば、その部分だけ強調して目に入ってきます。

企画書には長い文章は書かないようにするのが基本ですが、それでもどうしても長文になってしまうこともあります。長文は読み飛ばされてしまう可能性が高いので、「ここだけは頭に入れてほしい」という部分を目立つ色で強調し、読み手に大事な部分を伝えます。

色を使う時に注意すべき点は以下の2点です。

- 色の種類を多くしすぎない
- 強調する箇所は限定的にする

> **見出しは大きく**
>
> **小見出しは中くらいで**
>
> 大事な情報に色をつけると、読み手の注意を引くことができます。文章全体を読んでもらえなくても、大事な部分だけは確認してもらえるのです。

[*23] フォントのインストールのやり方は自分で調べてみてください。PCの基本操作ができることはゲーム業界で仕事するには必須です。

色の種類を使いすぎると、まとまりのない印象の書類になります。通常文は「黒」、強調箇所は「赤」のみ……など、これもルールを決めて統一させましょう。また、強調する箇所が多すぎて、ほぼ全文「赤い」文字になってしまったということもよくあります。これでは、強調の意味がありません。強調する箇所は絞りに絞って、本当に伝えたいところだけを強調するようにしましょう。

レイアウト

　「レイアウト」とは、文章や絵や図の「配置」のことです。文字が細部の印象を決めるのに対して、レイアウトは全体的な印象を決めます。レイアウトに少し気を配るだけで、全体的に統一感があり、見やすく、分かりやすい書類に仕上がります。

●左揃え、上揃えが基本

　見出しや、本文、絵や図などは、テキストボックス内の文章を左揃えにし、行頭の位置を揃えるのが基本です。また、関連する情報は上揃えにするのが基本です。

```
見出しは大きく

小見出しは中くらいで

行頭の位置を揃えると、整理された
印象を与えることができます。また      絵や図
絵や図を上揃えすることで同じ情報
を伝える組み合わせ感が出ます。
```

　上記の図で、見出し、小見出し、本文の行頭（行の最初の一文字）の位置を揃えているのがわかると思います。前ページに出した図（あえて行頭を凸凹にしていました）よりも整理されて見えると思います。これは一つのページで揃えるだけでなく、見出しの位置はどのページも同じにすることで書類全体が整理されたものに見えるようになります。

　また、「本文」と「絵や図」の上部分の高さが揃っているのも分かると思います。こうすることで、本文と絵や図が同じグループであることが強調され、一つの情報であることが伝わりやすくなります。

　これらのレイアウトを整えるコツは、「見えない線を意識する」ことにあります。行頭を揃えるための線があるつもりで、様々なものを配置するとスッキリとレイアウトすることができます。

　PowerPointにはこの「見えない線」を表示する機能があります。「表示」メニューの機能で「グリッド線」を表示すると、レイアウトを補助するグリッド線が表示されます。また各パーツを移

動させるときに、他のパーツの位置と揃えさせるための補助線が表示されます。これらの機能をうまく利用し、スッキリと整ったレイアウトを意識して企画書を作成しましょう。

●適度な隙間を作る

　読みやすい書類を作るときに「隙間」を作ることは重要です。文章が長く、密度の高い書類は、それだけで「読むのしんどいな……」と思われてしまいます。隙間には書類に安心感を生み出す効果があるのです。

　また、一つのページに複数の伝えたい項目があるとき、その項目と項目の間に隙間が無いと、「この図はどっちの説明の図だ？」と、読み手に混乱を与えてしまい、非常に読みづらい書類になってしまいます。

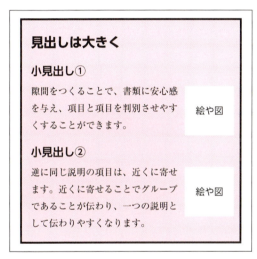

　上の図のように、用紙の上下左右に隙間を持たせることで、書類全体に余裕が生まれ、圧迫感の少ない書類にすることができます。

　説明の項目ごとに隙間を設けることで、絵や図がシッカリとその項目のものであることも分かりやすく伝わっていると思います。

　また、各隙間は、上下、左右、で統一されているとバランスがよく見えます。項目ごとの隙間が複数ある場合も同様です。

　「ゲームの企画書」ということで、レイアウトにも「遊び」を……と妙に凝ったレイアウトをしようとする人がいますが、よほどの自信が無い限りやめておきましょう。まずは、しっかり伝わる、シンプルなレイアウトを心がけましょう。

絵や図を入れる

　これまでも何度となく伝えてきましたが、企画書には、必ず、絵や図を入れましょう。絵や図がたくさん入っていると、書類がグッと柔らかくなり、「読んでみよう」という気持ちを高めてくれます。また、文字だけでは伝わりづらいことが、絵や図があると「一目で伝わる」ようになります。

●自分で描く

　絵を描くことに自信がある人は、画像編集ツールとタブレットなどを使って自分で描いてみることをオススメします。インターネットで集めるとどうしても欲しい絵を探すことができなかったり、それぞれの素材に統一感を持たせるということに限界が生まれてきます。自分で絵が描ければ、こんなことにはならずに済みます。絵が描けるということは企画書作りで大きなアドバンテージになります。

●インターネットで素材を探す

　自分で画像を作れないと、インターネットを使って素材を探すことになります。画像や写真は著作権で守られているので、基本的に著作権フリーの素材系のサイトなどを利用することになります。

　様々な画像や写真を提供する素材系のサイトがあります。有料サイトも多いですが、中には無料のサイトもあります。ゲーム用の素材を扱うサイトもあるので、企画書作成には心強い味方です。

　一点気を付けてほしいのは、サイトの「利用規約」をよく読むことです。中には無料でも「必ずサイト名を記載すること」などの条件を出しているサイトもあります。条件を満たさないと著作権を侵害することになりかねないので、必ずよく条件を見て使用しましょう。

●素材を加工して画像を作る

　自分のゲーム内容を伝えるのに、インターネットの素材そのままでどうにかなる……ということはあまりないでしょう。別々のサイトからダウンロードしてきた画像を組み合わせたり、ちょっと画像を切り貼りしてポーズを変えたりなど、ある程度の加工はできるようになりましょう。

　パワーポイント上でもある程度の加工は可能ですが、やはり画像編集ツールの方が細かい編集が可能です。GIMPなどフリーのツールもあり、参考書も出ているので、基本的な操作は身に付けておきたいところです。

05-13 伝わるきれいな企画書にする

●図形を駆使して素材を作る

　パワーポイントの「図形」機能は「図」の作成はもちろん、ゲーム画面のゲージやUIをそれらしく作るのにも有効です。

　学生の中にはパワーポイントの円や四角の図形を組み合わせて説明用のキャラクターを作り上げる強者もいます。慣れてくると様々なポーズも付けられるようになり、案外便利です。

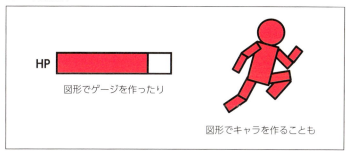

図11　図版見出し

HP 図形でゲージを作ったり

図形でキャラを作ることも

PDFで提出しよう！

　フォントやレイアウト、画像などの細心の注意を払った企画書ですが、パワーポイント書類のまま提出すると、相手のパソコン上では作ったときと同じ見た目にならない場合があります。

　最終的に出来上がった企画書を、企業やコンテスト等に提出する際は、「PDF形式」で提出しましょう。PDF（Portable Document Format）は、アドビシステムズが展開する文書フォーマットです。広く使われており、ほぼ全てのパソコンで開くことができ、自分の環境と同じ見た目で、読み手のパソコンでも展開することができます。PDF形式は、容量もコンパクトに収まるため、メールに添付する場合などにも好都合です。

　少し長くなりましたが、企画書の「見た目」を良くするための「ポイント」をいくつか紹介しました。デザインやレイアウトのテクニックはたくさんあります。今回紹介したのは、その中でも基本的な部分のみです。

　もっとレイアウトについてのテクニックを知りたい人は、技術評論社の「伝わるデザインの基本」[24]という本がオススメです。たくさんの事例が豊富な具体例とともに紹介されており、とても参考になる書籍です。学生に薦めているのはもちろん、私自身も何度も目を通している良書なので、企画書がいまいちスッキリまとまらないなぁ……というときは、手に取ってみてください。

---

[24] 伝わるデザインの基本 増補改訂版 よい資料を作るためのレイアウトのルール（高橋佑磨・片山なつ著 2016年 技術評論社）

まとめ

01 企画書の見た目は幾つかのポイントを押さえることでグッとよくなる。
02 フォント、レイアウト、色など「統一感」を持たせよう。
03 絵や図は必ず挿入しよう。
04 提出時は「PDF形式」に！

COLUMN 背景に絵を入れよう

　企画書の見た目を上げるのに、書類全体に「背景」を入れる方法があります。初期状態の白い背景では、ともすると「手抜き」感が出てしまいます。ゲームの雰囲気に合った画像を準備し、「背景」として使用することで、グッと書類の印象がよくなります。画像を背景とするには、パワーポイントの「デザイン」メニューの「背景の書式設定」で行うことができます。

　背景を敷くと肝心の文字部分が読みづらくなるので、工夫が必要になります。背景画像は透過性（薄さ）が調整できるので、主張しすぎない程度に色を薄めて使用しましょう。それでも邪魔になるようなら、文字の下敷きに「枠」を置くことで、文字の視認性を確保することができます。

05-14 企画書 セルフチェック

　作った企画・企画書を客観的に見直し、より良いものにするために、セルフチェックリストを作りました。企画書ができたら、このリストの項目と照らし合わせてチェックしてみてください。修正すべきポイントが見つかるかもしれません。

企画内容

● **企画内容は新しく個性的か？どこかで見た企画じゃないか？**
⇒似た過去作が無いかもチェックを。

● **ゲーム性（＝何を楽しむゲームか？）はハッキリしているか？**
⇒アクションの技術を楽しむのか？
　謎解きやパズルを解く思考を楽しむのか？
　イメージだけで、ゲーム性が無いスカスカの企画になってないか？

● **独自のゲームシステムがあるか？**
⇒遊びのシステムに新しいものはあるか？
　既存のゲームのうわべだけを変えていないか？
　（必須ではないが、独自システムがあるのが理想）

● **脳内・紙上プレイは行ったか？**
⇒頭の中や紙の上で、ゲームを具体化できているか？
　ゲームのイメージが完成していないと説得力ある企画書は書けない。

● **ゲームのクライマックスはあるか？**
⇒ゲームの最も盛り上がるシーン・システムを準備できているか？
　企画書にその部分が魅力たっぷりに書かれているか？

● **キャラクター、世界観はあるか？**
　⇒システムだけ紹介する味気ない企画書になっていないか？
　　ゲームを盛り上げる設定、キャラクター、世界観を盛ろう。
　　「プレイヤー」「エネミー」ではなくキャラ名で紹介しよう！

原稿

● **タイトルはキャッチーか？ゲーム内容を表しているか？**
　⇒適当につけたタイトルはすぐに分かる。
　　タイトルに「意味」と「思い」を込めよう。

● **英語のタイトルは正しいか？**
　⇒タイトルに英語を使う場合は正確な英語を！
　　適当な英語は教養のレベルを疑われる。

● **コンセプトは魅力的か？次のページを開いてもらえるか？**
　⇒20文字程度の短い言葉で、
　　読み手の興味を引けるか？面白そうか？

● **伝える順番は的確か？「大＞小」の鉄則は守られているか？**
　⇒基本的な「遊び」が伝わらない内に細かい話をしていないか？
　　コンセプト＞概要＞ルール・システム＞敵・アイテム等

● **コンセプトと外れた話をしていないか？**
　⇒企画書はコンセプトとそれをどう実現させるか……が伝わればいい。
　　それ以外のことを書くと伝わりづらくなる。

● **細かすぎる話をしていないか？**
　⇒ゲームの大枠がシッカリ伝われば企画書としては合格。
　　細かすぎる説明は必要ない。

● **原稿の文字数は多すぎないか？**
　⇒パワーポイントの企画書はできるだけ文字数を抑える。
　　一つの本文を100文字以下には抑えるようにしたい。

05-14 企画書 セルフチェック

●一つの文章が長すぎないか？
⇒文章は短く区切った方が分かりやすい。
句点「。」がなかなか出てこない文章は読みづらい。

●日本語は正しいか？
⇒誤字脱字は無いか？文法は正しいか？
原稿は、一度声に出して読んでみるとよい。

●曖昧な言葉でごまかしていないか？
⇒「さまざまなアイテム」「いろいろなアクション」など、
具体例無く「さまざま」「いろいろ」を使っても説得力がない。
具体例があって初めて「面白そう」と思える。

●文体を揃えよう
⇒「です」「ます」系の丁寧な口調なのか。
「いる」「だ」という言い切り型の口調なのか。
良し悪しは無いが、必ず統一すること。

画像、図

●各ページに必ず画像、図があるか？
⇒文字だけのページは、紙面に圧迫感が出て読む気がなくなる。
文章より絵や図の方が圧倒的に伝わる。

●著作権を侵害していないか？
⇒人が描いた（撮った）画像を無断で使っていないか？
フリーの素材サイトでも利用規約をよく確認すること。

●背景を敷いているか？
⇒白い背景は手抜き感がある。
イメージを伝える画像を背景に敷くと効果的である。
その際、文字は枠の上に載せるなどして可読性を保つこと。

●的確に内容を伝えているか？
⇒画像、図はただの「飾り」ではない。
ゲーム内容を伝えるために効果的なものを配置しよう。

●画面イメージは一番特徴的な場面を！
⇒画面イメージは、コンセプトの伝わる一番特徴的な場面を描こう。
　ゲーム画面を作るのは大変だがフリー素材を駆使して作ろう。

レイアウト、文字、デザイン

●表紙のゲームタイトルを Windows 標準フォントで書いてないか？
⇒できれば画像編集ツールでロゴ作成。
　せめてフリーのフォントで個性を！

●見出しは大きく強めのフォントで！
⇒見出しの文字は大きめのサイズ、ゴシック系フォントでインパクトを。

●本文はやや小さめで読みやすいフォントで
⇒やや文字数の多い本文部分は、すっきりと読みやすいフォントが基本。
　明朝や細めのゴシック系で、小さめのサイズ。
　ゴテゴテしたフォントの文章は読む気にならない。

●全体に「統一感」を！
⇒見出しや文章の行頭の位置。
　フォントの種類や文字のサイズ、枠や文字の色……等々。
　各ページが統一感を持つようにルールを決めて揃えよう。

●ギュウギュウにしない！
⇒各ページ、ギュウギュウに詰め込みすぎない。
　ギュウギュウのページは圧迫感があり読み手にストレス！
　ページ数を増やしてでも余裕のあるレイアウトを。

●左揃えが基本
⇒表紙以外、行頭は左揃えにしよう。
　文章の中心で揃えるセンタリングは読みづらくなるので使わない。

最後に

●人に見てもらおう！
　⇒完成した企画書は、家族、友人に見てもらおう。
　　自分で思った通りに伝わっていない部分を修正しよう。
　　企画書は人の目にさらされることで強くなる！

　これらの項目全てを完璧にこなすのはなかなか大変かもしれませんが、少し意識するだけでもグッと企画書の質が上がります。何度も企画書を書くうちに、無意識で行えるようになり、チェック表は不要になります。慣れるまでは、このセルフチェックを是非活用してください。

まとめ

01 人に見てもらう企画書は客観的な目で見ることが重要。
02 セルフチェックを活用して、客観的に自分の企画書をチェックしよう。
03 恥ずかしがらずに家族や友人に見てもらうとより客観的な指摘を得られるはず。

CHAPTER 06

仕様書、ゲームの設計図

　ゲームの「アイデア」の出し方、そのアイデアをゲームの形にまで練り込む「企画」、考えた企画を人に伝える「企画書」。ここまでは、実制作に入る前の「企画」フェーズにおけるプランナーの仕事について解説をしてきました。

　実際の現場では、企画書を元に経営者らにプレゼンテーションを行い、制作の許可と制作費を得ることで、プロジェクトとして「実制作」のフェーズに移行します。

　「実制作」のフェーズに入ると、プログラマー、グラフィックデザイナー、サウンドデザイナーらと一緒にゲームを開発する作業に入っていくことになります。実制作序盤でのプランナーの主な仕事は「仕様書」の作成になります。実際、プランナーの仕事の大半はこの仕様書作成に費やされます。また、就職活動の「作品」としても、仕様書をより重視する会社もあります。

　この章では、プランナーの仕事のメインである「仕様」の検討と、それをまとめた書類である「仕様書」について解説をしていきます。

06 01 仕様書の役割

仕様とは

　「仕様」とは、これから作るものについてあらかじめ考え、決めておく規定のことです。簡単に言うと、実際の制作作業に入る前にあらかじめ「これからどんなゲームを作るのか」を細かく決めておくこと、それが**仕様**です。また、仕様を取りまとめた書類を**仕様書**と呼びます。

　プランナーは企画にOKが出て、プロジェクトが発足すると、ひたすらこの仕様書を作ることになります。仕様書にはゲーム内で起こる、ありとあらゆることを記載します。何ボタンを押すとジャンプするのか、ジャンプの高さは何ピクセルか、ジャンプするときのアニメーションは何コマか、ジャンプすると何と言うファイルのSE（効果音）を再生するのか……。ゲーム内で起きる全てのことについて、このような細かい仕様を書いていきます。そのため、仕様書は膨大なボリュームとなることがあります。プランナーはディレクターに確認を取り、実際に作成をするプログラマー、グラフィックデザイナー、サウンドデザイナーと打ち合わせを重ね、自分が担当するパートの仕様書を日々書いていくことになります。

仕様書の代表的な役割

　仕様書はゲーム制作の現場で様々な役割を果たします。これらの役割について、いくつか紹介していきます。

●設計図としての役割

　仕様書はゲームを作る際の「設計図」となります。ゲームを実際に作り始める前に、一度、書類上にゲームの全ての要件を書き出します。仕様書に書かれていることを、スタッフが作成し、それを組み合わせればゲームが完成する、それが仕様書です。

　仕様書は、通常、プランナーが作成します。その仕様書を元に、プログラマー、グラフィックデザイナー、サウンドデザイナーは作業をすることになります。

図1 設計図としての仕様書

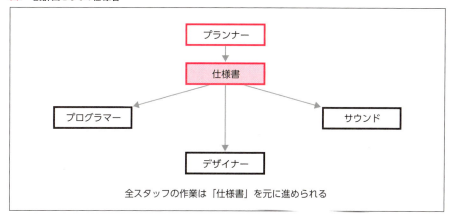

　基本的に各スタッフは仕様書に書かれた通りに、それぞれの作業を進めていきます。つまり、仕様書に書かれている内容が面白くないと、必然的にそれを元に作られるゲームも面白くないものになってしまいます。

　また、スタッフ全員が仕様書を元に作業をするので、書いてあることがいい加減だったり、必要なことが書かれていなかったり、どこに何が書いてあるか分かりづらい仕様書では、ゲーム制作の現場全体が混乱することになります。

　仕様書はゲームの完成形を左右しますし、ゲーム制作に関わる全スタッフの作業の指針となる書類です。それを作るプランナーの責任は重大です。

● バグチェックの資料としての役割

　また、ゲーム制作の最後に行われるバグチェックの作業においても、仕様書は重要な役割を果たします。バグチェックとは、実際に作られたゲームをプレイして、正しくゲームが動作するかどうかを確認する作業です。

　バグチェックの際に、何をもって「正しい」と判断するかと言うと、「仕様書の通りに動作しているかどうか」を判断基準とします。バグチェックは制作スタッフが行う場合もありますが、専門の部署や、専門の会社で行うこともあります。初めてそのゲームに触れる人たちでも、何が正しいのかを判断できないとチェックになりません。仕様書は、ゲーム内で起きるべき「全てのこと」が書かれているので、バグチェックの際は必須の資料となります。

● **契約での役割**

制作の現場だけではなく、契約などのシビアなビジネスの現場でも仕様書が登場します。クライアントとなる会社が、中小のゲームディベロッパー[*1]にゲーム制作を委託するとき、何をもって委託するゲームの「完成」とするかは契約の段階で明確にしておく必要があります。「完成」の認識が曖昧だと、納品されたゲームをチェックする段階で、「あの機能が入ってないじゃないか?」「え?そんなものが必要なんですか?」などともめる原因にもなります。

ゲーム制作の委託は、時には、数億円もかかる大きな取引になります。その取引がこんなに曖昧では困ります。そこで登場するのが、やはり仕様書です。「仕様書に書いてあることが、全て実装されたことをもって完成とする」と契約の際に取り決めておけば、取引はスムーズになります。仕様書は数億円の大きなビジネスを動かす、重要な書類にもなるのです。

仕様書は、様々な局面で重要な役割を果たします。しっかりとした仕様書が書けることは、プランナーの最も大事な仕事となります。もちろん、最初から完璧な仕様書はなかなか書けません。現場に入って、物量をこなすうちに書き方は身についていくものです。次の節からは仕様書に書くべき内容について基本的なことを紹介していきます。

> **まとめ**
> **01** 仕様書はゲーム制作の設計図である。
> **02** 仕様書はバグチェック、契約の現場でも重要な役割がある。
> **03** しっかりとした仕様書を書くことがプランナーの最も重要な仕事である。

[*1] ゲームの開発を専門に行う会社。詳細は「08-01 ゲーム会社の種類」を参照。

06-02 ゲームを構成する要素

前節で、仕様書には重要な役割があることを紹介しました。その中でも特に重要な役割は、やはり設計図としての役割でしょう。

仕様書には具体的に何を書くのでしょうか？

ゲームの大まかなイメージを伝える企画書とは異なり、ゲームの設計図となる仕様書には、「ゲーム中で起こる、ありとあらゆること」が書かれている必要があります。言い換えると「ゲームを完成させるために、作らなければならない要素、その機能（プログラム）、パーツ（リソース）の全て」がそこから読み解ける必要があります。

ゲームは無数の要素の組み合わせでできています。それらのどれ一つが欠けても、ゲームとして不完全で物足りないものになってしまいます。

仕様書にはそれらの要素について漏れなく書かれている必要があります。**「仕様書」という書類上で、一度「ゲームを完成させる」**必要があるのです。では、いったいどれくらいの要素がゲームには必要なのでしょうか？

この節ではゲームを構成する要素について考えていきます。

ゲームを要素に分解する

ゲームの全てを書けるようになるために、まずはゲームを構成する要素について考えてみましょう。

分かりやすい例として「スーパーマリオブラザーズ」の最初のステージ「1－1」を例に要素を洗い出してみましょう。

●**プレイヤーキャラクター**
- マリオ
- スーパーマリオ
- ファイヤーマリオ
- スーパースターマリオ
- （ファイヤー）

●**敵キャラクター**
- クリボー
- ノコノコ

●ギミック・オブジェクト

- 地面ブロック
- 壁ブロック
- 壊せるブロック
- 「?」ブロック（コイン）
- 「?」ブロック（スーパーきのこ、ファイアーフラワー）
- 「?」ブロック（スーパースター）
- アイテムを取り終えたブロック
- 連続コインブロック
- 1UPきのこブロック
- 土管（小、中、大）
- ゴールフラッグ
- 穴（地面ブロックが無い個所、落ちたら死亡する）

●アイテム（プレイヤーが取る・使うことで利益・不利益を生じるもの）

- スーパーきのこ
- ファイアーフラワー
- スーパースター
- 1UPきのこ
- コイン

●評価・UI関連

- ステージスコア（画面上部のトータルスコア）
- 獲得コイン数
- ワールド名
- 残りタイム
- 獲得スコア（敵を倒したり、アイテム獲得時にその場で表示）
- ポールスコア（ゴールポールで表示される得点）

●背景・エフェクト（ゲームプレイに影響しないグラフィック）

- 山（頂上、斜面、中の3種）
- 雲（本体・しっぽ部分）
- 草（実は雲の色替え）
- 背景（水色）
- 砦
- 砦の旗
- 花火
- 壊れたブロックの破片

●BGM

- ステージBGM
- 残り時間わずかになった時のBGM
- スターマリオ時のBGM
- クリア時のジングル
- 死亡時のジングル
- ゲームオーバー時のジングル

●SE（効果音）

- マリオのジャンプ音
- スーパーマリオのジャンプ音
- ブロック破壊音
- 破壊できないブロックへの衝突音

- 敵を踏むSE
- ファイヤー発射SE
- パワーアップアイテム発生SE
- スーパースターが跳ねるSE
- 1UP時のSE
- 残りタイムスコア換算SE
- 敵を倒した時のSE
- コイン獲得SE
- マリオパワーアップ時SE
- ゴールSE（ポールを降りるSE）
- 花火SE

　シンプルに見えるファミコン時代のゲームの1面だけでも、これだけ多くの要素で成り立っています[*2]。近年のゲームは、多くの場合、これよりさらにたくさんの要素で成り立っています。

機能に分解する

　ゲームを成立させるには、「キャラクター」「ギミック」「アイテム」「UI」などの要素それぞれに「機能」を持たせる必要があります。例えば、「マリオ（初期状態）」には、以下のような機能があります。

- 左右に走る
- 左右にダッシュする
- ジャンプする
- 敵を上から踏むことで敵を倒すことができる
- スーパーキノコを取るとスーパーマリオになる
- ファイアーフラワーを取るとスーパーマリオになる
- スターを取るとスターマリオになる
- 敵に当たると死ぬ
- 穴に落ちると死ぬ
- 小さい（低い隙間を通れる）

さらに「走る」機能を分解すると、

- 方向キーの左右を押すと、マリオはその方向に移動する
- 最高速度は1フレーム（1/60秒）に6ピクセルである
- 走りはじめは60フレームで最高速度になるように加速する
- 走る際、マリオは走るアニメーションを再生させる

---

*2　ちなみに潜れる土管と地下ステージは割愛しています。これでももしかすると漏れがあるかもしれません。

これらの機能の集合体であることが分かります。

マリオの一番基本的な機能である「走る」だけでも、これほどの仕様の組み合わせでできています。

そして、これらは、「走る」機能をゲームに実装する際に、プログラマー、グラフィックデザイナーが「作らなければならないこと」なのです。

上記の仕様から、マリオを走らせるために各担当者は以下のプログラム、リソース（素材）を作らなければならないことが分かります。

●プログラマー

- 方向キーの左右を押したらマリオのグラフィックをその方向に加速させ60フレームで最高速（1フレームに6ピクセル移動）になるプログラム
- マリオを1フレームに6ピクセル移動させるプログラム
- 走るアニメーションを再生させるプログラム

●グラフィックデザイナー

- 主人公キャラの走るアニメーションのグラフィック

これらの作業を、各担当者のタスクと呼びます。各タスクを担当者が作業し、仕様を完成させ、その全てを統合することで、はじめてゲーム上で、マリオが「走る」ようになります。

仕様書には、このように細かい仕様を、ありとあらゆる要素と機能について記載する必要があります。そうすることで各担当者が仕様書をもとに作業を把握できるようになり、結果、ゲームが完成していくことになるのです。これが仕様書の設計図としての最大の役割です。

最初から完璧である必要は無い

先ほど、「走る」の仕様の中で……

- 最高スピードは1フレーム（1/60秒）に6ピクセルである
- 最高速度に到達するのに60フレーム必要である

……といった細かい数字の指定を書きました。

「こんな細かいことを最初に設定できるだろうか……？」と思った人、なかなか鋭いです。今回は既に存在するゲーム「スーパーマリオブラザーズ」を例にとって、そこから逆引きしているため、これらの数値を導き出せていますが、まだゲームが存在しない内に書き始める仕様書では、なかなかここまでの数値は書けません。

必要であれば担当のプログラマーにテストプログラムを作ってもらい、あらかじめ数値の検証

をしたり、仕様書を書く段階ではとりあえずの「暫定仕様」を書いてそれですませたりということもしばしばです。仕様書のレベルでは完璧に作るのは無理な部分もあります。こういうところは担当者と相談した上で後回しにしましょう。

さて、仕様書に書く「仕様」というものについてイメージはつかめましたか？ 「スーパーマリオブラザーズ」の「1-1」だけでも、相当のボリュームになることが想像できるのではないかと思います。筆者が講師を務める専門学校の1年生が作る簡単な2Dのアクションゲームでも、エクセルのシートで10ページくらいにはなります。

プレイヤーキャラクターを様々なパーツでカスタマイズするような最近の複雑なアクションゲームでは、数千シートの仕様書になることもあります。プランナーの仕事の大半は仕様書作りになるというのも納得してもらえたのではないでしょうか？

> **まとめ**
> **01** 仕様書はゲーム内で起きる全てのことを書く。
> **02** ゲームは様々な要素とその機能の集合体であり、それらを総称して仕様と呼ぶ。
> **03** 仕様書から「タスク」が生まれ、各スタッフの作業が発生する。
> **04** 仕様書は膨大なボリュームになり、プランナーの仕事の大半を占める。

COLUMN　ゲームを要素分解する

本節で「スーパーマリオブラザーズ」の要素の洗い出しを行いましたが、既存のゲームの要素をすべて抜き出してみることは大変良い勉強になります。プロの製品がどれだけ手間をかけて作られているか、どんな工夫がされているかが手に取るように分かります。もちろん内部的な処理などプレイするだけでは分からない部分もありますが、見える範囲だけでもやってみる価値があります。プロのプランナーとしてやっていくには、プロと同じレベルの要素を自分のゲームに注ぎ込めるようにならないといけません。クオリティの高いプロのゲームをノートにメモを取りながら分析してみましょう。

06 03 仕様書の構成①

　「仕様」というものの大まかなイメージが持てたところで、具体的に仕様書の書き方を見ていきましょう。

●Excel を使用する

　仕様書を書くソフトには、表計算ソフト「Excel」を用いることが多いです。Excelには、自由度が高い、1ファイルにいくつものシートを持てる、リンク機能に優れている、業務で用いているWindowsのPCならほぼ確実に開くことができるなど、仕様書に向いた特徴があるからです。会社によってはWEBページで作成していることもありますし、仕様書を作成するフォーマットはチームによっても様々です。絶対にこれを使うという決まりがあるわけではありません。
　本書では、比較的一般的で読者が準備しやすいExcelを想定して紹介していくことにします。

●仕様書を書くときに気をつけるべきこと

　ゲーム制作は多くのスタッフが分担して作業を行います。担当者が自分の作業を把握するために仕様書を見た時に、「仕様書のどこに書いてあるかわからない…」「色んなページに分散して書かれている…」となっていては困ります。
　仕様書は各スタッフが作業する際に分かりやすく書かれている必要があります。通常、スタッフの作業分担は……

- プレイヤー
- 敵キャラクター
- ギミック
- アイテム
- 各画面・UI

……など、ゲームの大まかな要素ごとに割り振られます。これは似た作業は同じスタッフがやった方が効率がよいからです。
　仕様書を書くときも、作業の分担がそのように別れることを想定して、各要素ごとに個別に分かりやすく書くことが大事です。
　Excelで書く際、それぞれの要素はシートに分けて書きます。Excelのシートはタブと呼ばれ

る見出しを作れるので、どこにその要素が書かれているか探しやすく整理できます。これから紹介する仕様書に書く「項目（見出しとなっているもの）」それぞれに1シートを使用するつもりで書きましょう。1シートだと長くなりすぎ、読みづらくなる場合は連続する複数のシートに分けて書くようにしましょう。

図2　Excelの「タブ」　シートごとに見出しをつけられるので膨大な仕様を探すのに必須

　それでは、仕様書に書く項目を紹介していきます。本書ではゲームの基本とも言える2Dアクションゲームを想定して紹介していきます。その他のジャンルのゲームの場合、ゲーム内の部分で項目が変わってくることがあるかもしれませんが、基本的な構成は同じになります。
　また、細かな内容はゲームによって千差万別となり、また膨大なものになります。この本では基本的な項目をかいつまんで紹介することにします。

基本情報

　ゲーム内容に関わる大前提となる情報を「基本情報」のページ（シート）に書きます。ゲーム制作では途中からスタッフが追加されることもあります。そういう時に、いきなり細かい仕様だけを知らされても全体像がつかみにくくなります。
　やはり情報は　大＞小　の順で伝えるべきなのです。
　基本情報のページには、次のような情報を記載しましょう。

- ゲームタイトル
- ゲームジャンル
- 対応機種
- コントロールデバイス
- プレイ人数
- 画面解像度

目次

　次に目次のページを作っておきましょう。前節で「スーパーマリオブラザーズ」を例に挙げましたが、一つのゲームを作るには、膨大な量の仕様が必要になります。おのずと仕様書もボリュームが大きくなり、目次が無いと知りたい情報になかなかたどり着けなくなってしまいます。目次の項目はそのページに飛ぶためのリンクをつけるようにしましょう。

目次の中身はある程度仕様書が形になってから作ればよいですが、ページ的には一番最初の方に置いておくべきです。

更新履歴

　仕様書は制作を進めていくうちに内容を更新していくことが多々あります。

　実制作の段階でスタッフの意見を取り入れたり、モニター調査でプレイしてもらった人の意見を取り入れたりして、仕様書と実際のゲームの実装内容を変更することはざらにあります。

　ゲームの実装内容を仕様書の内容から変更したら、仕様書の方を実装内容に合わせて更新する必要があります。仕様書の更新をサボってしまい、仕様書と実装内容が異なると、その変更を知らないままの他のスタッフが古い仕様のままで作業を進めてしまったり、バグチェックの際に、仕様書とゲーム内容が異なり混乱する問題が出てきてしまいます。仕様書を最新の状態に保つことはとても重要です。

　更新履歴には、更新した部分と更新が発生した日付が分かる「履歴」を記載します。そのページを見れば、いつ、どの部分が仕様変更されたかを、すぐに把握できるようにしておきます。

　更新履歴は、目次と同じく、仕様書が一度形になってから書くページですが、やはり見る人がアクセスしやすいよう、仕様書の最初の方のページにしておくのがよいでしょう。また、変更されたページとのリンクを張っておくことが読み手にとって親切なのも目次と同じです。

画面遷移フロー

　いよいよゲームの中身についてです。「画面遷移フロー」はゲーム全体の画面の流れを図で表したものです。

　参考の図は非常にシンプルなフローですが、課金要素があるスマホゲームなどではかなり複雑なフローになります。ゲームで登場する全画面を矢印で結び、その遷移条件を書きましょう。ゲームの全体的な構成が分かるとともに、どれだけの画面数があるのかを把握できます。

06-03 仕様書の構成①

図3　画面遷移フローの例

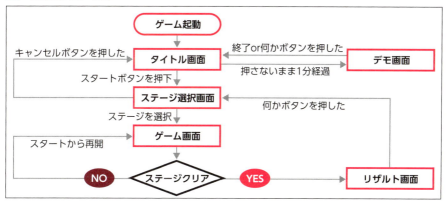

フローを書くときに気をつけるべきことを以下に書きました。

- フローは上から下に流れるように書きます（左から右ではなく）
- 斜めの線は作らないようにしましょう
- 遷移の条件は必ず記載しましょう
- 参考の図の中にあるひし形の「ゲームクリア」は条件分岐を表します
- 「行き止まり」にならないようにしましょう

画面遷移フローはゲーム全体の構成を知るのに役立ちます。仕様書も、やはり大きな情報から細かい情報にスケールダウンしていった方が、分かりやすくなります。画面遷移フローのような全体の仕様を前の方に置き、細かい各要素は後ろの方のページになるようにしましょう。

さて、仕様書に書く項目の内、序盤に置くべきものを紹介しました。次の節でも引き続き仕様書の項目について紹介していきます。

まとめ

01 本書では仕様書はExcelで書くものとする。
02 仕様書の最初のページは「基本情報」を記載する。
03 仕様書は膨大なボリュームになるため、全体像を整理した「目次」は必須である。
04 仕様書は実制作される中で随時更新される。「更新履歴」をまとめておくことは重要である。
05 「画面遷移フロー」でゲームの全体像を俯瞰できるようにする。

06 04 仕様書の構成②

前節に引き続き、仕様書に書く項目を紹介していきます。

各画面の仕様

画面フローの次は、各画面の仕様について記載します。ゲーム中に出てくる画面の種類には以下のようなものがあります。ゲームによってはもっとたくさんの画面が存在します。それぞれについてExcelのシートを作成し、仕様を切ります。

- タイトル画面
- ステージ（モード）選択画面
- オプション画面
- ゲームプレイ画面
- リザルト画面
- ゲームオーバー画面

画面の仕様については、以下のようなことを書きます。それぞれについて解説します。

- 画面レイアウト
- その画面で起こる全ての処理
- グラフィックリソースのリスト
- サウンドリソースのリスト

06-04　仕様書の構成②

図4　各画面の仕様書の例

タイトル画面処理内容
- 画面遷移後の処理
  - 画面遷移の直後、「background.bmp」を表示
  - 60フレーム後に「title_logo.bmp」を60フレームかけてフェードイン
  - 「title_logo.bmp」表示後、BGM「title_bgm.mp3」を再生 60フレーム後に「pressanybutton.bmp」を表示
  - 「pressanybutton.bmp」は120フレーム間隔で表示のオン・オフを繰り返す
- ボタン入力時の処理
  - 何かボタン入力があったら、効果音「input.wav」を再生する 全ての表示物とBGMを60フレームかけてフェードアウトさせる
  - その後、「ステージセレクト画面」に遷移する
- ボタン入力が1分（3600フレーム）なかった場合
  - 全ての表示物とBGMを60フレームかけてフェードアウトさせる
  - その後、「デモ画面」に遷移する

CGリソースリスト

番号	ファイル名	大きさ（座標）	内容	備考
1	background.bmp	1280×720 (0,0)	タイトル背景	真っ黒でいいです
2	title_logo.bmp	700×80 (290,240)	タイトルロゴ	タイトル決定後作成
3	hitanykey.bmp	640×40 (320,450)	何か押して表示	

サウンドリソースリスト

番号	ファイル名	内容	長さ	備考
1	title_loop.mp3	タイトルBGM	1分	1分でデモに移行、ループ不要
2	input.wav	キー入力時効果音	1秒以内	銃声にしたいです

画面レイアウト

　画面レイアウトでは、その画面をどのようにレイアウトするかのイメージ図を必ず載せましょう。本来の画面サイズの比率に則して、最終形に近いレイアウト構成で作成します。

　また、構成するもの（サンプルでは「background.bmp」「title_logo.bmp」「pressanybutton.bmp」の3つの画像で構成されています）の名称が分かるようにしておきましょう。

図5　レイアウト例

　画面のレイアウトでは、プランナーがプレイヤーの遊びやすさ、見た目の分かりやすさなど「機能」を優先してレイアウトや表示物を決めます。

　特にスマホゲームなどの複雑なメニュー画面では機能を優先させることがとても重要です。目

211

立たせたい情報を大きく表示したり、縦持ちの画面なら片手持ちでも押しやすい画面の下部によく使うボタンを配置したりするなど、機能をよく考えてレイアウトします。

デザイナーはプランナーが意図したレイアウトに則してグラフィック作業を行います。作業前に打ち合わせを行い、プランナーの機能面の意図をよく理解してもらうのが重要です。

その画面で起こる全ての処理

次に、その画面で起こることを全て記載します。言い換えると、その画面で必要な全てのプログラム処理、つまりプログラマーへの作業指示です。例えば、以下のような処理を記載します。

●画面遷移後の処理
- 画面遷移の直後、「background.bmp」を表示
- 60フレーム後に「title_logo.bmp」を60フレームかけてフェードイン
- 「title_logo.bmp」表示後、BGM「title_bgm.mp3」を再生
  60フレーム後に「pressanybutton.bmp」を表示
- 「pressanybutton.bmp」は60フレーム間隔で表示のオン・オフを繰り返す

●ボタン入力時の処理
- 何かボタン入力があったら、効果音「input.wav」を再生する
  全ての表示物とBGMを60フレームかけてフェードアウトさせる
- その後、「ステージセレクト画面」に遷移する

●ボタン入力が1分（3600フレーム）なかった場合
- 全ての表示物とBGMを60フレームかけてフェードアウトさせる
- その後、「デモ画面」に遷移する

かなりシンプルなタイトル画面ですが、これだけの処理を準備する必要があります。

これらの処理は、画面の演出、BGMの鳴るタイミングなどをイメージして、それを一つ一つのプログラムの処理に分解して記載します。

プログラムは基本的に以下のように、条件と処理で記述されます。

○○したら（条件）、××する（処理）

仕様書に書くプログラム処理も、「条件＋処理」で書くことを意識しましょう。

例えば次のように書き表せます。

何かボタン入力があったら、効果音「input.wav」を再生する
　　　　条件　　　　　　　　　　実行する処理

また、使用する単位もプログラムで使用する単位で記載します。

時間：　「秒」ではなく「フレーム数[*3]」で書く
距離：　「cm」ではなく「ピクセル[*4]」で書く

実際に作業をするプログラマーがそのままプログラムしやすいように意識して書くことが重要です。

リソースリスト

「リソース」とはゲームを構成するのに必要なグラフィックやサウンドの「素材」のことです。これらを一覧のリストにまとめることで、グラフィックデザイナー、サウンドデザイナーが作業を把握しやすくなります。

リストには、作業する人のために以下のようなことを書いておきます。

●ファイル名

まずは、リソースのファイル名です。デザイナーはその名前でファイルを作成し、プログラマーはその名前でプログラムを組みます。プログラムで呼び出すファイル名と、デザイナーが作ったファイル名が異なると正しい処理が行われません。あらかじめ統一した名前を仕様書に記載しておくと、そういったトラブルを未然に回避できます。また、ファイル名は見ただけである程度内容を想像できる名前にしておいた方がよいでしょう（例：「title_logo.bmp」「background.bmp」）。

画像ファイルの形式はプログラマーと事前にすり合わせをしておきましょう。イメージ画、処理内容で記載した名前とも齟齬（そご）が無いように気をつけましょう。

●サイズ（グラフィックの場合）

2Dのゲームの場合、グラフィックのサイズを明確にしておきましょう。ユーザーに「何を伝えたいか」によって画面の構成物のサイズは変わってきます。デザイナー任せにせず、最初の案はプランナーがしっかりまとめておくべきです。

[*3] コンピュータがモニターに描画する回数。通常60回/秒。つまり1フレームは1/60秒。
[*4] モニターの画素の最小単位。

● 座標（グラフィックの場合）

メニュー画面のように、それぞれの素材が画面上で固定されている場合は、その表示位置（座標）を記載しておくと、プログラムで配置するのにプログラマーが考えずに済みます。

座標は、単位はピクセル、画面の左上の隅を（0,0）とし、右方向（x軸）、下方向（y軸）について記載します。配置するグラフィックの左上の隅を全画面のどの座標に来るように配置するかで指定します。

● 長さ（サウンドの場合）

サウンドのリソースの場合、サウンドの長さを指定した方がよい場合があります。今回、サンプルで書いたプログラムの処理では、「input.wav」は再生後、60フレームで次の画面に移行するため、1秒以内で鳴り終わるサウンドデータが望ましいでしょう（サウンドスタッフにはフレーム数ではなく、秒数で伝えた方がよいでしょう）。

特に長さの指定が無く、サウンドスタッフに任せる場合はその旨を記載しましょう。

● 内容

備考欄には、そのリソースの内容や、担当者への申し送り事項を記載しましょう。「タイトル画面のBGMです。ループで再生させます。1分でデモ画面に遷移します」…といったように、サウンド担当者が作業する際に考慮に入れるべき情報をまとめておきます。これも担当者が作業しやすくなることを目的としています。

仕様書に書く項目の内、「画面の仕様」についての紹介をしました。ここでは、シンプルな画面を例に挙げて説明しました。もっと複雑な動きをする画面では、画面の仕様、リソースの量もそれなりのボリュームになります。

「ゲームプレイ画面」ではスコア表示用の数字のリソースや、HPのゲージの表示の仕様など、UI周りに関する仕様も漏れの無いようにしっかりと記述することが大切です。「ゲームプレイ画面」では、細かなゲームルールやキャラクターの仕様まで書いてしまうと膨大なページになるので、あくまで「画面」について、つまりUIやBGM、画面遷移の条件程度の情報にとどめましょう。ゲームルールや、キャラクターの仕様は別のシートにまとめた方が分かりやすくまとまります。

まとめ

01 全ての画面について仕様をまとめよう。
02 「画面遷移フロー」に登場する順番で書くのが分かりやすい。
03 画面レイアウト、全ての処理、リソースリストを書こう。
04 各担当者に作業内容を漏れなく伝え、かつ、作業しやすくなるように記載しよう。

06-05 仕様書の構成③

引き続き仕様書に書く項目を紹介していきます。ここからはゲームの内容に則した項目になっていきます。ゲームによって書く項目は千差万別ですが、本書では「スーパーマリオブラザーズ」をイメージした2Dのアクションゲームを想定して記載していきます。

どのゲームジャンルでも、仕様書を書くときに大事なのは、**ゲームの完成形を頭の中で細かいところまで思い描き、自分がやりたいこと、表現したいこと、面白いと思うことを存分に注ぎ込むこと**です。

筆者は現役プランナー時代、この仕様書作成の作業が大好きでした。書類上で、自分が思い描くゲームが具体的になっていくことに、いつもワクワクしていました。「ここはどうしたら面白いか」「こんなことしたらプレイヤーがびっくりするかな」などと考えながら仕様書を書くのは、本当に楽しい作業です。

皆さんにも、是非ワクワクしながら仕様書を書いてほしいと思います。

ゲーム本体

ゲーム本体のシートには以下のようなことを記載します。

- ゲームの基本ルール
- ステージクリア条件と処理
- プレイヤー死亡条件と処理
- ゲームオーバー条件と処理
- 上記処理に関わるリソースのリスト

大まかにいうとゲーム全体の進行に関わるような仕様です。「テトリス」などのパズルゲームのようにシンプルな仕様の場合は、このシートでゲームプレイに関する全ての仕様を網羅してもよいかもしれません。アクションゲームやRPGなどでは、プレイヤーキャラクター、敵、アイテム、ギミックなど、ゲームを構成する要素が多岐にわたるので、それぞれにシートを準備した方がよいでしょう。

ステージクリアやゲームオーバーに関する処理ですが、これらがシンプルな場合は、「ゲーム画面」のシートと統合してもよいかもしれません。ですが、あまりシンプルにすると味気ない面白味の少ないゲームになってしまいます。
　「スーパーマリオブラザーズ」のステージクリアの条件と処理を見てみると……、

- ステージクリア条件
  マリオが制限時間内にゴールポールに触れる
- ステージクリア時の処理の項目
  ステージクリアのジングルが鳴る
  マリオは自動でゴールポールを滑り降り、砦に入る
  残り時間を得点換算する
  花火の演出
  砦から旗が揚がる
  次のステージに遷移する

　ステージクリアだけでも、これだけの処理項目があり、それぞれにより詳しい仕様があります。
　ゲームを「面白い」と感じてもらうために、多くの「手間」がかけられていることが分かります。特にクリア時は過剰なくらいプレイヤーを褒めてあげることが重要です。仕様書の段階で、手を抜かず、しっかりとユーザーを喜ばせるよう仕様を盛り込みましょう。

プレイヤーキャラクターの仕様

　アクションゲームでは主人公の「プレイヤーキャラクター」は様々な機能を持ち、仕様書のシートもかなりのボリュームになります。「スーパーマリオブラザーズ」でプレイヤーキャラクターの仕様を書くなら、下記のような項目になります。

- キャラクターのグラフィックのサイズ
- 当たり判定の仕様
- 操作方法の仕様
- 移動の挙動
- ジャンプの挙動
- 攻撃方法とその挙動
- ダメージに関する仕様
- 死亡時の挙動、処理
- ゲームオーバー時の挙動、処理
- パワーアップの仕様

- 上記に関わるリソースリスト
- アニメーションに関する仕様

●グラフィックサイズ

　グラフィックのサイズは、2Dアクションの場合、2進数の矩形（正方形・長方形）で構成することが多いです。「スーパーマリオブラザーズ」の初期状態のマリオは「16×16」ドットの矩形の中に納まるようにデザインされています。大きくなったスーパーマリオ状態のときも「16×32」のサイズでデザインされています。これはコンピュータが処理をするのに2進数である方が都合がよいからです。

●当たり判定の仕様

　「当たり」はコリジョン（Collision：衝突）ともいいます。プレイヤーが何かと触れたり、衝突したことを判定するときの仕様のことです。2Dアクションの場合、グラフィックサイズと同じ大きさで判定を取るのが普通です。ただ、ダメージを受けるときの判定は、グラフィックデータのサイズ（見た目）より小さく「当たり」を設定することで、「当たったようで当たってない」キャラクターにすることもできます。遊んでいるプレイヤーに「今、俺、ギリギリで避けれた」と気持ちのいい気分になってもらいやすくなるわけです。「当たり」の仕様を作成するときは、プレイ感覚も考えて作成しましょう。

●移動

　移動については、走り始めの加速、最高速度、止まる時（ボタン入力を離した時）、方向を変えた時（右移動から、急に左移動に変えた時）の挙動などがポイントになってきます。また、崖のような地形がある場合、落下中の挙動についても考えておく必要があるでしょう。移動の仕様はアクションゲームの手触りに大きく影響します。実際にプログラムを組んで、違和感があれば仕様の変更も止むを得ない部分ですが、数値の調整程度で済むように、仕様の段階で担当プログラマーと相談して記載していくのがよいでしょう。

●ジャンプ

　ジャンプはもはや基本のアクションと言ってもよいくらい、ほとんどのアクションゲームで採用されています。「スーパーマリオブラザーズ」のジャンプは以下のような特徴があります。

- Aボタンを押す長さでジャンプの高さが変わる
- 移動しながらジャンプすると遠くに飛べる
- ダッシュしながらジャンプするとより遠くに飛べる
- ジャンプ中も移動操作を受け付ける

これらの仕様のおかげで、ジャンプにも「幅」が生まれ、アクションゲームとしての面白さを作り出しています。プレイヤーのアクションにこのような操作の「幅」を持たせることはアクションゲームでは非常に重要です。仕様を検討する段階でよく検討しましょう。

　その他の項目については割愛しますが、プレイヤーキャラクターはゲームの主人公です。仕様のボリュームも大きくなるので、必要があればシートを分けて記載しましょう。また、動きのイメージなどは、言葉だけではなかなか伝わらないので、絵や図を多用することでより伝わりやすくなります。企画書と同じく、「グラフィックで伝える」ということも意識して作成しましょう。

敵の仕様

　アクションゲームに欠かせないのが「敵」の存在です。「敵」のシートには以下のようなことを、全ての敵について記載します。種類が多い場合は「ザコ」「中ボス」「ボス」のようにカテゴリーでシートを分けます。

- 敵共通の仕様
- 「敵（個別）」キャラクターのグラフィックサイズ
- 「敵（個別）」キャラクターの当たり判定の仕様
- 「敵（個別）」キャラクターの挙動
- 「敵（個別）」キャラクターの攻撃方法とその挙動
- ダメージに関する仕様
- 死亡時の処理
- 得点に関する仕様
- 上記に関わるリソースリスト
- アニメーションに関する仕様

　敵の仕様を考えるときは、プレイヤーキャラクターができることをベースに考えます。敵は、ゲームの物語上では主人公をやっつける「悪者」かもしれませんが、ゲームを作る側の立場からすると、プレイヤーを楽しませる「接待役」であることを忘れてはいけません。
　アクションゲームの場合、プレイヤーキャラクターの「アクション」が楽しくなるような敵（接待役）を考えてあげる必要があります。「スーパーマリオブラザーズ」でも、マリオの移動やジャンプのアクションが楽しくなるように様々な敵のバリエーションが用意されています。少し例を見てみましょう。

●ノーマルタイプ

| 普通に踏んで倒せる敵 | クリボー |

●発展タイプ

| 倒した後に使い道がある | ノコノコ、パタパタ |

●高難度タイプ

踏めるが踏みづらい	パタパタ、キラー、プクプク
踏んでも倒せない	パックンフラワー、トゲゾー、クッパ
動き・攻撃がトリッキー	ゲッソー、ハンマーブロス
ファイアーボールが効かない	メット、キラー
絶対倒せない	バブル

　アクションを楽しませるために、敵に様々な特徴を持たせているのがよく分かると思います。単になかなか死なない「固い敵」ではなく、プレイヤーに用意されたアクション（「スーパーマリオブラザーズ」だと移動、ダッシュ、ジャンプ）を上手にこなさないと倒せない、あるいは倒し方を考えると得をするという形でチャレンジの難易度を作っています。アクションゲームの敵はこうありたいものです。

　これらの敵をバランスよく配置することで、シンプルな操作のアクションゲームでも常に新しいチャレンジをプレイヤーに提供することができます。プレイヤーキャラクターの仕様をよく検討し、その魅力を引き出す「接待役」をたくさん考えてあげましょう。

　敵の仕様の書き方でも、プログラムについては「条件 + 処理」で書くという原則は変わりません。プレイヤーキャラクターと違うのは、プレイヤーの入力で動くのではなく、全てゲーム内のシチュエーション（条件）によって挙動がきまるということです。何もないところではどう動くか、壁にぶつかるとどうなるか、足場が無くなるとどうなるか、敵同士がぶつかるとどうなるか、プレイヤーキャラクターが近づくとどうなるか……。想像力を働かせ、ゲーム内でどのようなことが起きるかの「条件」を事前に洗い出し、そのときの「処理」を考えましょう。

注意:プレイヤーを追いかける敵？

　アクションゲームの敵の動きの仕様でよく出てくるのが「プレイヤーキャラクターを追いかける敵」です。ですが、この仕様は注意が必要です。少し脳内プレイをしてみてください。複数の敵がこの仕様だと、最終的に全ての敵が数珠つなぎになって追いかけてくる……という不細工なゲームになってしまいます。

　往年の名作「パックマン」は、非常にシンプルに見えて、敵の挙動は一体一体個別にプログラムされています。プレイヤーキャラクターである「パックマン」を追いかけるフェーズでは、そ

れぞれの敵は以下のような動きをします。

- 赤い敵　　　　ひたすらパックマンを追いかける
- ピンクの敵　　パックマンの進行方向に先回りする
- 水色の敵　　　パックマンを中心に赤い敵と点対称の位置にいようとする
- オレンジの敵　パックマンと関係なくランダムに行動する

このように敵それぞれに違うアルゴリズムを持たせることで、ゲームが単調にならないように工夫されています。

パックマンの例のように、プランナーはゲーム制作に入る前から脳内プレイを繰り返し、問題点をあらかじめ洗い出しておくことが大事です。より面白くなる仕様を早い段階で検討し、プログラマーに提示することがスムーズなゲーム開発の現場を作ります。

仕様書に書く項目の内、ゲーム本体「ゲームルール」「プレイヤーキャラクター」「敵」についての紹介をしました。仕様を決めるときの考え方なども書いてみましたが、参考になりましたでしょうか？次の節では、ギミック、アイテム、得点について紹介していきます。

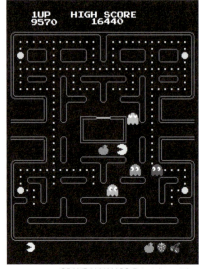

図6　パックマンの敵キャラクターの違いは非常に重要（紙面都合で判別しづらいが図には4色のキャラクターが存在している）

©BANDAI NAMCO Entertainment Inc.

まとめ

01 ゲーム部分の仕様書作成は最もワクワクする作業だ！

02 ゲーム本体には、ゲーム進行についての全ての仕様を書く。アクションゲームなど要素の多いゲームでは要素ごとにシートを分けて作成する。

03 アクションゲームのプレイヤーキャラクターのキーとなるアクションの仕様は、遊びの幅を広げられるよう、操作に幅を持たせるよう気を配る。

04 敵はプレイヤーキャラクターの操作を楽しませるための「接待役」である。プレイヤーキャラクターのアクションを楽しませる種類、仕様を考えよう。

05 プランナーは常に脳内でゲームの完成形をイメージし、問題点を事前に洗い出し、できるだけ最終形に近い仕様書を各担当者に渡せるようになろう。

06 仕様書の構成④

さらに、2Dアクションゲームで必要となりそうな仕様について紹介していきます。

ギミック・オブジェクトの仕様

「ギミック」「オブジェクト」とは、どちらもステージに配置する構成物です。2Dのゲームでは通常、正方形（「スーパーマリオブラザーズ」では16ピクセル四方）のブロックを作成し、それを多数敷き詰めたり、組み合わせたりすることで地面や壁を作り、ステージを構成させます。

図7 「スーパーマリオブラザーズ」のギミックとオブジェクト例

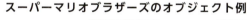

レンガブロック

壊れないブロック

入れない土管

ギミックは、ゲーム中で何らかの「遊び」を提供する「仕掛け」を持つのに対し、オブジェクトは仕掛けの無い、単なる足場や壁のことをさします。

ギミック、オブジェクトの仕様では以下のような項目を書きましょう。

- グラフィックサイズ
- 当たり判定の仕様
- 挙動、処理
- 得点に関する仕様
- リソースリスト
- アニメーションに関する仕様

　ギミックとオブジェクトでは、当然、何らかの効果や遊びが存在するギミックの方が挙動、処理の仕様は複雑になります。必要に応じて絵や図も用いて説明しましょう。
　ギミックやオブジェクトのバリエーションとその仕様は、敵の仕様と同じく、プレイヤーキャラクターのアクションを面白くすることを念頭に入れて検討しましょう。
　「スーパーマリオブラザーズ」のギミックやオブジェクトはマリオのジャンプの機能（やれること）の幅を広げています。ブロックで作られた高い足場にジャンプし、レンガブロックはジャンプで破壊でき、ジャンプで「？」ブロックを叩いてアイテムを出し、ジャンプで穴を超えます。敵に加えて、ステージを構成するギミックやオブジェクトでもアクションを楽しませることを考えて仕様を決定しましょう。

アイテムの仕様

　アイテムとは、取得・使用することで、プレイヤーキャラクターにメリット（デメリット）をもたらすものです。
　「スーパーマリオブラザーズ」のアイテムを見てみましょう。

- パワーアップきのこ
- ファイアーフラワー
- スーパースター
- １UPきのこ
- コイン

　巨大化したり、攻撃方法が増えたり、一時的に無敵になったり、マリオの残数を増やしたり、得点になったりと様々な利益をマリオに与えます。
　プレイヤーに「嬉しい」という気持ちを与えたり、達成感を与えるのに非常に有効です。あるいは取得できなかったときに「悔しい」「次はうまくやろう」と思わせることもできます。
　さらに１UPきのこのような貴重なアイテムがあると、ユーザーに「どこにあるんだろう」と

いう探索の興味を持たせることもできます。

　また、「スーパーマリオブラザーズ」のアイテムは、取るのにもアクションを要求する仕様になっています。逃げるきのこ、ジグザグに動くスター、空中に配置されたコイン……。これらの仕様が敵や、即死する穴と組み合わされると、取れたときの達成感を得られたり、逆に欲による事故死が生まれたり……と、プレイヤーの感情を動かすシチュエーションを作ることに結びついていきます。

　ユーザーを喜ばせる仕様を持つアイテムに、ユーザーを楽しませる動きの仕様が組み合わされていることが分かります。アイテムの仕様を考えるときの参考にしてください。

　アイテムの仕様は以下のようなことを書きます。

- グラフィックサイズ
- 当たり判定の仕様
- 発生条件（あれば）
- 挙動、処理
- アイテムの効果（プレイヤーキャラクターの仕様）
- 得点に関する仕様
- リソースリスト
- アニメーションに関する仕様

得点の仕様

　「得点」は、非常に分かりやすい報酬です。プレイヤーは報酬を得ることで満足感を得るとともに、「自分がやったプレイは正しい」という認識を得ることができます。こまめに肯定感を持たせることで、プレイヤーを飽きさせずプレイを継続させることができます。

　得点の仕様では以下のようなことを記載します。

- 獲得できる得点の種類を全てリスト化する
- 特殊な点数（コンボ、ゲームクリア時等）の条件と計算方法
- 得点獲得時の演出
- 合計得点表示の最大けた数、カウントストップ時の処理

　より強い敵を倒すと高得点にしたり、連続して（コンボで）何かを成功させることで得点に倍率を加えたりすることで、より難しいことにユーザーをチャレンジさせるよう誘導することができます。結果、より強い達成感を与え、「面白い」という感覚を強めることができます。

　得点の仕様は「プレイヤーを楽しませる」ために非常に重要な役割を持っています。より熱く

なれる「クライマックス」をプレイヤーに体験させるために、一つ一つの得点だけでなく、ボーナス、コンボなどの得点システムを検討する必要があるのです。

　また、得点が入る様子をどう見せるかの演出も重要です。単に合計得点が増えていくだけでは不十分です。画面隅にある合計得点が増えても、ゲームをプレイ中のプレイヤーの目がそこに向くことはありません。アクションゲームなら敵を倒した場所……、3マッチパズルならブロックを消した場所……、プレイヤーが何かを達成したその場所に獲得した得点を表示させましょう。自分が行ったことが得点に繋がったことを明確に伝えることができ、達成感を与えられます。

　ゲームによっては経験値やゲーム内通貨など、得点に類するもので代用しているものもあります。「数値」を報酬として与えることは、非常に分かりやすいのと同時に、細かに報酬のランクを作ることができます。逆にリアルな世界観やストーリーを重視する作品だと、数値を出すことが興ざめに繋がることがあるので、自分のゲームに合った仕様を検討しましょう。

　2Dのアクションゲームを通して仕様書に書く項目について紹介してきました。ゲームの内容によって、書く項目は様々ですが、基本の書き方は同じです。

- ゲーム内で起きることを全て書く
- プログラムで書きやすいように、「条件 + 処理」の形で書く
- グラフィックリソース、サウンドリソースはリストにする
- 絵や図を使い、分かりやすく説明する

　これらの鉄則は全てのゲームで変わりありません。ゲームの内容を細かいところまで漏れなく頭の中でイメージし、その全てを仕様として情熱をこめて書いていきましょう！

まとめ

01 ギミック、オブジェクト、アイテム、得点、全ての要素はゲームを面白くするためのものである。

02 あらゆる要素で、ゲームのコンセプト（アクションゲームならキーとなるアクション）を立てる仕様にすることを意識する。

03 全てのゲームジャンルで「ゲーム内で起きる全てのことを書く」という鉄則は共通。ゲームの隅々まで想像し、漏れの無い仕様書を書こう。

07 仕様検討、仕様書作成時の注意

仕様を考え、仕様書にまとめる際の注意点をまとめておきます。

仕様を考える際の注意

●コンセプトに立ち返る

　ここまで紹介したように、仕様は非常に細かいところまで検討する必要が出てきます。プランナーのゲームへの思いが強いほど、細部にまでたくさんのアイデアがあふれ出てくるものです。また、様々な他の魅力的なゲームに触れることで「自分たちのゲームにもこんな要素入れたい」という気持ちになることもあります。

　「ゲームをより良くしたい」というこれらの思いは素晴らしいことなのですが、仕様を安易に決めるのは危険です。気がつかないうちに、一番大事にすべきコンセプトからずれていくことがあります。

　ゲームは「細かい仕様の集合体」です。仕様の一つ一つがコンセプトからズレていくと、ゲームそのものがコンセプトからズレてしまい、何がやりたいのか伝わらない中途半端な作品になってしまいます。

　たとえば「敵から隠れて進む」というコンセプトのいわゆる「ステルスゲーム」の企画なのに、プレイヤーキャラクターに無限に発射できる強力な武器を持たせる仕様にしたらどうでしょうか？プレイヤーは「敵から隠れる」というコンセプトを無視して敵を倒しまくって先に進もうとするでしょう。これではコンセプトが死んでしまいます[*5]。

　仕様を検討する際は、常に「コンセプトに沿っているか」を気にかけておく必要があります。少なくとも「コンセプトを殺さない」ことを確認しながら仕様を決めていきましょう。

●「幅」を与えることを意識する

　ゲームを楽しむためには、プレイヤーが能動的にゲームに参加できることが重要です。「スーパーマリオブラザーズ」を例にすると……

[*5] イベント要素や2周目のオマケとしてはアリかもしれませんが。

- 操作の幅

    アクションの操作にプレイヤーの判断、技術が反映されるようにする

    (ex:マリオのジャンプはジャンプ後も方向を入力できる…)
- 機能の幅

    一つのアクションに複数の機能を持たせる

    (ex:マリオのジャンプは、移動、敵を倒す、ブロック破壊など多機能)
- リアクションの幅

    (ex:マリオのジャンプを楽しませる敵、ギミックが多数用意されている)

多くの幅が仕様として用意されているのが分かります。これらの組み合わせがプレイヤーに「どうしよう？」と考えさせ、結果、「うまくいった」と満足感（＝面白さ）を与えることに繋がります。

これはアクションゲームに限りません。思考系のゲーム（パズル、シミュレーション、アドベンチャー）であれば、思考に幅を持たせましょう。「ブロックを何回転させて、どの位置に置くか」「どのキャラクターのどのスキルを強化するか」「どの選択肢を選ぶか」など、プレイヤーが能動的に参加する要素を十分に用意し、その成功・失敗の結果が分かりやすく示される仕様を準備してあげましょう。

●プレイヤーに気を配る

ゲームは「プレイヤーに楽しんでもらうためのもの」です。これは常に忘れてはいけない大前提です。仕様を検討する際も、プレイヤーを「おもてなし」する気持ちを持って考えましょう。

- 操作はしやすいか？
- プレイしていて分かりにくいことはないか？
- 面倒くさいと感じさせないか？

どんなによくできたゲームでも、「操作しづらい」「何をしていいか分からない」「面倒くさい」など、プレイヤーがネガティブな気持ちをもった時点で「つまらない」ゲームになってしまいます。

脳内プレイを繰り返し、プレイヤーが遊んでいてどんな気持ちになるか？を考え、前向きな気持ちでプレイできるような仕様を検討しましょう。

●自分が楽しむ

仕様を検討する作業は、ともするとスケジュールに押されがちで「煩わしい」「プレッシャーのかかる」作業に感じることがあります。ですが、本来ゲームの中身を考えるという作業は、ゲームをプレイすることに負けず劣らず「楽しい」作業のはずです。頭の中で理想のゲームの完成像を思い描き、プランナー自身がそのゲームを頭の中で楽しみながら仕様を考えるべきです。

作り手が楽しんでノリノリで作っているかどうかは遊んでいるプレイヤーにも伝わるもので

す。どんなにプレッシャーがかかる状態だとしても、「楽しんで考える」というスタンスは崩さずにノリノリで仕様を考えましょう。

仕様書作成時の注意

●作業者に気を配る

仕様書を作るときは、その仕様書をもとにして作業をする人、つまりプログラマーやデザイナーのことを気遣って書くことが大切です。それぞれのスタッフが作業する際に、「分かりやすく」「作業しやすい」仕様書が良い仕様書です。以下は良い仕様書の条件です。

- 知りたい情報がまとまって書かれている
- 絵や図を使って伝わりやすく書かれている
- プログラマー向けの指示はプログラムしやすい書き方で書かれている
    - 「条件 + 処理」で記述されている
    - 具体的な数値で指示がされている
    - 単位がプログラムに使う単位となっている
      （ex：秒ではなくフレーム数、cmではなくピクセル数）
- あらかじめ担当者と打ち合わせ、必要な情報を洗い出しておく

ゲームの中身、プレイヤーの気持ちだけでなく、一緒に働く仲間のこともしっかりと想像し、あるいは事前に本人と確認して、仲間たちが働きやすくなるように仕様書を作ることが大事です。

●絵や図は重要

「作業者に気を配る」にも書きましたが、絵や図を使って説明をするというのは非常に重要です。ゲームというものがそもそもグラフィックで表示されるものである以上、その仕様を言語だけで正確に説明するのは非常に困難だからです。言葉で伝えようとするとなかなか伝わらないことが、図や絵で示せば一瞬で伝わることが多々あります。

例えばステルスゲームの敵の視界についての仕様をまとめます。

- 敵は視界を持つ
- 敵の視界の範囲は「視界A」、「視界B」の2種類がある
- 「視界A」は敵の正面の角度90度、距離256ピクセルの範囲である
- 「視界B」は敵の正面の角度120度、距離512ピクセルの範囲である
- 「視界A」にプレイヤーキャラクターが入ると敵は追跡モードになる
- 「視界B」にプレイヤーキャラクターが入ると敵は警戒モードになる

このように文字だけで書かれていたとしたらどうでしょう？　全部を読めば理解はできると思いますが、ほとんどの人が「読むの面倒臭い」と思ったと思いますし、読んだとしても「えーっと……」と考えながら、視界の範囲の仕様を頭の中で「図」にする作業を行ったのではないでしょうか？また、その想像した図についても「こういうことかな……」と自信が無い状態になってしまいますよね？

　もし最初から、上記の記述に加えて、以下のような図が添えられていたらどうでしょう。

図8　敵の視界の図

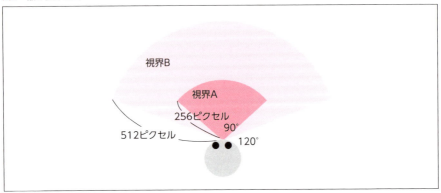

　理解にかかる時間は圧倒的に短縮され、誤解を招くことはほぼなくなると思います。全てを絵や図にする必要はありませんが、伝える内容によっては手間を惜しまず、図や絵を使って伝える努力をしましょう。

●同じ情報を複数個所に書かない

　仕様の記載は多岐にわたります。ときには同じ内容を別の場所で記載したくなることも出てくるかもしれません。例えば、敵を倒した時の得点を「敵」のシートにも書き、「得点」のシートにも記載する……などです。

　こういった場合、「得点」のシートのみに記載して、「敵」のシートには「※得点については『得点』のシートを参照のこと」という注意文（と、できればリンク）を書いておくようにしましょう。一つの情報は一つのシートに集約した方がよいです。

　一つの情報を複数個所に記載すると、参照の手間は省けますが、情報に齟齬が出る可能性があります。「敵」のシートには「100点」と書いていたのに、「得点」のシートには「150点」と書かれているといったことです。これは仕様書を作成していてよく起きる問題です。最初はどちらも「100点」と書いていたのに、制作が進む中で「やっぱり150点にしたほうが都合がよい」と変更になることはよくあります。そして「得点」のシートだけ修正し、「敵」のシートに書いてあることは忘れてしまい、そのまま放置……というパターンです。仕様書に齟齬があると現場

が混乱し、最悪の場合はバグを誘発することすらあります。なるべく、一つの情報は一カ所に集約して書くように意識しましょう。

●共通のことは端折る

　アクションゲームの敵はたくさん種類がいても、共通の処理を持っていることが多いものです。例えば、スーパーマリオブラザーズの全ての敵は死亡時の演出は共通です。それら共通のことを、敵ごとに書いていては書くのも大変ですし、読む側も大変です。共通の処理はプログラムも一度作ったら使いまわしができます。仕様書の段階で共通の処理は、「敵共通の仕様」というような項目を立ててまとめて書くとよいでしょう。

　また、敵のバリエーションを増やすときに、ほぼ共通の仕様で一部だけ仕様が異なる敵を作る場合があります。例えば「スーパーマリオブラザーズ」に登場する「緑のノコノコ」と「赤いノコノコ」はほぼ同じ仕様です。一点だけ異なる点は、歩いている地面が途切れた時の処理です。

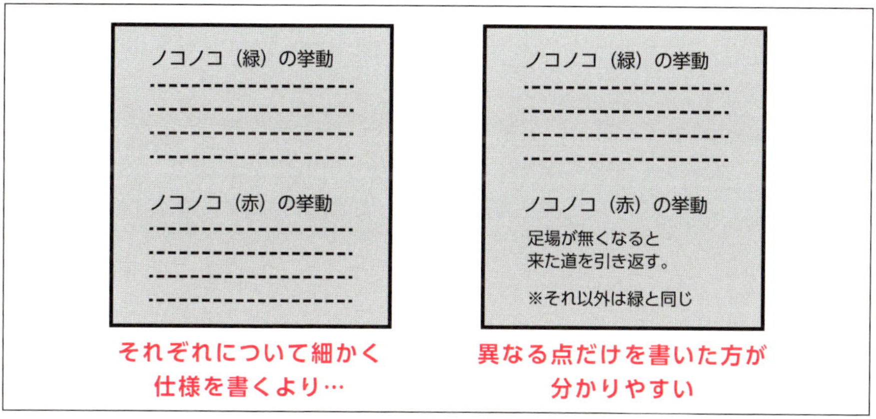

図9　ほぼ共通の別キャラの仕様の書き方

ノコノコ（緑）の挙動 -------------------- -------------------- -------------------- -------------------- ノコノコ（赤）の挙動 -------------------- -------------------- -------------------- --------------------	ノコノコ（緑）の挙動 -------------------- -------------------- -------------------- -------------------- ノコノコ（赤）の挙動 足場が無くなると 来た道を引き返す。 ※それ以外は緑と同じ
それぞれについて細かく 仕様を書くより…	**異なる点だけを書いた方が 分かりやすい**

歩いている地面が途切れたときの動作だけがそれぞれ違います。

　　緑のノコノコ　⇒　そのまま直進して落ちる
　　赤のノコノコ　⇒　反対方向に歩きはじめる

　こういった場合、やはり共通の部分は端折って書いた方が読み手に対して親切です。プログラマーも「赤いカメはノコノコの処理を使いまわして、一部変更するだけでいいんだな」と理解がしやすくなります。

●**コミュニケーションを大事にする**

　最後に一番大事なのは、「仕様書を過信しない」ことです。仕様書を書くのは大仕事ですから、書き終えたときの達成感はかなりなものです。ついつい「書き終わったから俺の仕事はおしまいだ」「あとは見て作ってくれるだろう」と思いがちですが、これは大きな間違いです。

　仕様書を作る最大の目的は、「担当者全員が仕様を理解し、作業しやすくする」ということです。仕様の内容をシッカリ伝えるには、担当者と打ち合わせをし、直接のコミュニケーション取ることが欠かせません。仕様書はあくまで単なる書類です。全てを完璧に伝える書類はなかなか作れるものではありません。常に担当者同士で直接のコミュニケーションを取り、仕様の認識にズレが無いか確認することを怠らないようにしましょう。

　理想的な仕様書作成の流れを図にしてみました。ある程度、実現したい仕様が思い浮かんだら、仕様書作成の前の段階から、担当者と相談しておくとスムーズです。また、一通りの仕様がまとまった段階で、担当者にしっかりと説明して理解してもらい、問題が無いかを確認することが重要です。

図10　理想の仕様書作成の流れ

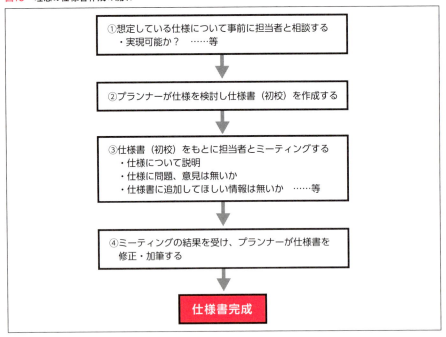

　全スタッフが理解でき、納得する仕様書を一発で書くことはよほどの熟練プランナーでも難しいものです。常に担当者とコミュニケーションを取り、作業の段取りなども確認しながら仕様をまとめ上げるのが理想です。一緒に作業する担当者のためのカスタマイズされた「設計図」とな

るようにしましょう。

> **まとめ**
>
> **01** 仕様は「コンセプトに沿って」、「面白く」、「プレイヤーのことを考えて」検討すること。
>
> **02** 仕様書は、実作業の担当者のことを考え、コミュニケーションを取りながら作成すること。
>
> **03** 「ゲーム」も「仕様書」も「人のために」作るものである。その「人」のことを良く考え、思いやって作ること。

CHAPTER 07

プランナーの様々な仕事

　企画、仕様作成の他にも、ゲームプランナーの仕事は多岐にわたります。本章ではゲーム制作中、ゲーム制作末期、ゲーム制作後の様々なプランナーの仕事を紹介していきます。

07
01 制作期間の仕事

本書を通してプランナーの代表的な仕事と、その進め方を説明してきました。

- アイデア出し
- ゲーム企画にまとめる
- 企画書作成
- 仕様の検討、仕様書作成

これらの仕事はプランナーなら繰り返し行う作業です。

企画規模の大小はあるかもしれませんが、企画を上司に通し、その詳細を仕様書にまとめ、チームのメンバーと共有し、仕様書を作成、スムーズに制作を進行させる……、これがプランナーの最大の仕事であることは間違いありません。

ただ、これ以外にもプランナーの仕事は多岐にわたります。特に日本のゲーム会社のプランナーは「何でも屋」「便利屋」と言っても過言ではありません。本章では企画、仕様作成以外のプランナーの仕事についても簡単に解説をしていきます。まずはゲーム制作期間の仕事を記載していきます。

レベルデザイン

海外では、ゲームのステージのことを「レベル」と呼びます。そのレベル（＝ステージ）をどのようにするか考える（＝デザインする）ことを「レベルデザイン」と呼びます。具体的にはステージの地形を考え、敵、ギミック、アイテムの配置を考え、データ化することです。

大きなチームでは「レベルデザイナー」という専門の職種の人が行うこともありますが、日本国内のゲーム会社では、多くの場合、プランナーがこの作業を実施します。

レベルデザインの作業は、2Dのゲームであればcsvファイル（表形式でExcelなどから利用できる）を使います。3DのゲームならMAYAなどの3Dグラフィックツールや、Unity、Unreal Engineなどのゲームエンジンで行います。チームによっては独自のツールを使用する場合もあります。プランナーはそれらのツールを使い、ステージの配置を作っていきます。自分でテストプレイを行い、試行錯誤しながらデータを作り、ディレクターのOKが出たら、デザイナーに引き継ぎ、見た目を整えてもらいます。

データ作成

ゲーム内で使用する、以下のようなデータはプランナーが作成します。

- ゲームを構成する簡易プログラムによるスクリプト作成
- プレイヤー、敵、アイテムなどのパラメータデータ
- ゲーム中の説明文などのテキストデータ
- ゲーム中のキャラクターのセリフデータ

これらの「データ作成」もプランナーの仕事です。広い意味ではレベルデザインもデータ作成の一種です。

「スクリプト作成」は簡易なプログラム言語で簡単なゲームの動きを直接プランナーが作ることです。ありとあらゆることをプログラマーに依頼して作っていると非効率なため、簡単なプログラムは直接プランナーが作ることがあります。各チームによって環境は異なりますが、少し勉強すれば誰でも作れるように環境構築されていることがほとんどです。

プレイヤーキャラクターや敵などの、攻撃力やヒットポイント（HP）などの数値、いわゆる「パラメータ」のデータもプランナーが作成します。パラメータの数値は、ダイレクトにゲームの難易度に影響するので、プランナーはバランスに気を配りながらパラメータデータを調整します。

また、ゲーム中、チュートリアルやOPTION画面の説明文、TIPSの解説文、オンラインマニュアルなど……、ゲーム中で表示するテキストはかなりの量になります。これらの「テキストデータ」はプランナーが作成することがほとんどです。

ゲーム中のキャラクターのセリフもプランナーが作成することがあります。メインのストーリー部分のシナリオは、物語のプロの「シナリオライター」が書くことが多いですが、ゲームの端々のイベントのセリフなどは原稿料の高いライターではなく、プランナーが書き、プロのライターがチェックする……という流れになることが多いです。シナリオが得意なプランナーが全シナリオを書くことも珍しくありません。

プレゼンテーション

企画がまとまった時に上司に説明をしたり、仕様がまとまった時にチームのメンバーに説明したりする、いわゆる「プレゼンテーション」もプランナーの大事な仕事の一つです。

書類をまとめて渡して、「読んでおいて」では、伝えたいことも伝わりません。資料の内容を整理して、さらに分かりやすく噛み砕いて「伝える」必要があります。

また、プレゼンテーションの場で出た聞き手の意見や、追加のアイデアなどをうまくすくい取って、企画や仕様に盛り込んでいくのもプランナーの腕の見せ所です。「この企画はイマイチだなぁ」

という上司も、自分の意見が組み込まれたりすると、「ほら、良くなったじゃないか」と企画承認の敷居を下げてくれるものです。

　プレゼンテーションの場は、企画や仕様を「理解」してもらう場でもありますが、相手の考えを知り、「仲間に引き込む」ための場所でもあります。自分の意見を通すことだけにこだわらず、コミュニケーションの場と思って臨むのがポイントです。

　プレゼンテーションについては、様々なビジネス書が出ているので、興味がある人は何冊か読んでみるとよいでしょう。

スケジュール確認

　「スケジュール確認」もプランナーの仕事となることが多いです。大きなチームになると「プロジェクトマネージャー」という進捗確認の専門のスタッフがつきますが、少人数のチームではディレクターやプランナーが兼任することがあります。自分が仕様を作ったパートについて、プログラマー、デザイナーと話し合い、誰が、いつ、何の作業をするかをすり合わせます。

　プランナーはそのスケジュールを、スケジュール管理ツールに取りまとめ、実際にその計画通りに作業が進んでいるかを随時確認します。もし遅延が発生した場合は、ディレクターやプロデューサーに報告し、対策を講じる必要があります。

実装確認

　「実装確認」はデザイナーやプログラマーの作業が完了したときに行う確認作業です。仕様書と完成したものにズレが無いかを確認します。また、仕様書通りだったとしても思わぬ問題が出ることもあります。一つ一つの作業が形になるたびに確認をしておくことが大事です。

その他

　TV業界で言うAD（アシスタントディレクター）のような「雑用係」的な側面もあります。

プログラマー、デザイナーがやらない仕事
‖
プランナーの仕事

と言うと分かりやすいかもしれません。「これ、誰がやるの？」という仕事は大体プランナーに回ってきます。

　なんだか「損」な役回りに思えるかもしれませんが、ゲームに関わる様々な仕事に触れることができ、また他のスタッフでは顔を合わせないような人（法務部、ライセンス部、広報部、プロモー

ション部、外部の取引先……）とも仕事をする機会に恵まれます。これらの経験や人脈は、将来、ディレクターやプロデューサーになるためには必要なものです。

これらの仕事ができることは、プランナーの役得です。「いつか、自分自身の企画でゲームを作りたい」と思うなら、雑用であっても一生懸命に取り組む必要があります。ただの書類のコピーの仕事を振られたとしても、その書類に書かれた内容から学べることもあるはずです。

プランナーが実際に現場で行う仕事について、簡単に説明をしてきました。アイデア出し、企画、仕様作成の仕事以外にも、プランナーの仕事は多岐にわたります。また、その多くが「人と関わる」ことで成り立っています。人と気持ちよく仕事ができるということも、プランナーに必要となる大事な資質の一つなのです。

まとめ

01 プランナーの仕事は、アイデア出し、企画、仕様作成以外にも多岐に渡る。

02 レベルデザインをはじめ、データを作成する作業もプランナーの大事な仕事である。

03 仕様のプレゼン、スケジュール管理、実装確認など、チームの運営にもプランナーの力は発揮される。

04 様々な仕事に触れられるプランナーはディレクター、プロデューサーになれる可能性も高い。

COLUMN 本当は泥臭いゲームプランナーの話

プランナーは人に作業を「やってもらう」立場の人間です。ちょっといい追加仕様を思いついたとき、あるいは自分の仕様のミスで修正作業が発生したとき……プランナーからプログラマーやデザイナーに追加の作業をお願いすることは多々あります。最初に計画されていたことは頑張れても、そこにさらに追加で仕事が重なってくることを歓迎してくれる人はなかなかいないものです。そのせいで残業や休日出勤が発生してしまうことになればなおさらです。こういった時に気持ちよく作業してもらえるかどうかはプランナーの人間力にかかっています。「こいつの頼みじゃ仕方ない」「いっちょ助けてやろうか」と思ってもらえる人間でありたいものです。私も現役時代は休日出勤するプログラマーのためにスイーツを買って差し入れしたりしました。プランナーとはつくづく泥臭い仕事だなと思います。

07 02 制作末期・ゲーム完成後の仕事

　前節で、実制作が始まってからのプランナーの仕事についてかいつまんで説明をしました。これらは制作作業中のリアルなプランナーの仕事となります。実際は、前節で紹介したような仕事と、未完成の仕様書を書き進める作業を並行して行ったりします。
　制作末期、そしてゲームが完成したあとは、プランナーはどのような仕事をするのでしょうか。この節ではゲーム制作末期、完成後のプランナーの仕事を見ていきます。

バグチェック用資料作成

　ゲーム制作の末期の重要な作業の一つに「バグチェック」があります。バグチェックとは、ゲームに含まれるバグ（＝不具合）を見つける作業のことです。
　バグチェックは制作チーム内でも行いますが、多くの場合、バグチェック専門のチーム（バグチェック専門の会社もあります）で行います。バグはグラフィックが壊れるような非常に分かりやすいものもありますが、中にはそのゲームの仕様をしっかり把握していないと判別できないバグもあります。バグチェックのチームが「これはバグだろうか？仕様だろうか？」と迷うようでは困ってしまいます。
　プランナーは仕様書を最新のゲームの状態と揃えて、バグチェックチームに渡す必要があります。

デバッグ作業

　「バグチェック」を含む、バグを取り除く作業を「デバッグ」と言います。プランナーもデータを触る作業を行っている場合、バグを生んでいる可能性があります。自分の担当箇所をバグチェックする、バグチェックチームから上がってくるバグの報告を確認し、該当箇所を修正する作業に追われます。
　プランナーはテキスト系のバグの対応が多くなります。誤字・脱字はもちろん、禁則処理のエラー、ウィンドウ枠からの文字のはみ出し、用語の不統一、ハードメーカー指定の用語表記のミス（指定の表記にしないと発売が許可されません）など、テキスト系のバグは種類も様々です。
　ただ、プランナーのバグは比較的見つけやすくて修正しやすいものが多く、プログラマーに比べてバグ修正の時間は短く済むことが多いです。自分のバグ修正が終わると、バグチェックに回っ

たり、デバッグ全体の管理の作業を行うこともあります。

モニター調査・難度調整

　全ての仕様が実装されたβ版が出来上がると、「モニター調査」を実施する場合もあります。モニター調査とは、そのゲームを遊んだことのない人にプレイしてもらい、分かりづらい点が無いか、難度が適当かを確認します。プレイしている様子を観察したり、アンケートを取ったりして、問題点を洗い出していきます。

　レベルデザインや、パラメータの数値データなど、難易度に関わる作業の多くはプランナーの仕事です。そのため、モニター調査の仕切りもプランナーが担当することが多くなります。モニター調査を有意義にするために、どのようなアンケートを準備するか、プレイ状況の観察、録画環境の準備など、事前の準備が大事になります。

　モニター調査の後は、そこで集めたデータをもとに、難度調整や問題点の修正を行います。制作末期のこの時期はバグを混入させないように細心の注意を払います。

プロモーション用資料作成

　ゲームの制作末期は同時にゲームの発売・リリースが間近であることを意味します。ゲームにもよりますが、雑誌やWeb、TVCMなどの「広告・宣伝」、ゲーム雑誌やゲームサイトの記事などの「パブリシティ」、店頭でのポスターやPOPなどの「販売促進」など、ゲームの発売・リリース前後は様々なプロモーション展開を行います。

　もちろん、これらはプロデューサーやプロモーション専門のスタッフが陣頭指揮を執りますが、それにまつわる画面写真やプレイ動画の準備、また雑誌やゲームサイトに配るパブリシティ資料などは、プランナーが担当することが多いです。そのゲームの魅力を伝えるための資料なので、外部のスタッフではなく、ゲームを知り抜いたプランナーが担当するわけです。

　画面写真、動画は一番見栄えのする一瞬を逃さないように撮影します。また、雑誌やWeb記事のもととなるパブリシティ資料は、実際に記事になる原稿を想定し、さらにそれを読む「読者」のことを考えながら作成します。しっかり魅力が伝わるプロモーションができるかどうか……、ここでも「伝える」能力が重要になってきます。

運営

　スマートフォン系のオンラインゲームなどでは、ゲームを発売・リリースしたあとも、新しいキャラクターを追加し続けたり、定期的にイベントを実施したりするなど、プレイヤーに長く遊んでもらうための工夫は欠かせないものとなっています。これらのサービスを「運営」と呼び、そのサービスの内容を企画することを「運営企画」などと呼びます。

運営企画がゲーム制作時の企画と大きく違うのは、既に実際に遊んでいるユーザーがいて、その動向がデータとして受け取れるということです。こういった実際の数値から導き出せる重要指標をKPI（Key Performance Indicator）と呼びます。

- 1日に何人のユーザーが遊んでいてるか…DAU（Daily Active User）
- そのうち何人が課金しているか…課金率
- 1人当たりいくら課金しているか…ARPU（Average Revenue Per User）

運営企画は、これらKPIから、ユーザーの嗜好・動向を分析し、ユーザーを楽しませる施策（キャラクターの追加やイベント）を企画し、利益を最大化していきます。また、その施策の実施データからさらに分析し、次回の施策を検討していきます[*1]。

運営企画の担当は、発売・リリース前にプランナーとして働いていたスタッフが、そのまま継続して行う場合もありますし、運営企画のみを専門的に行うスタッフもいます。

通常のゲーム企画を行うプランナーは「創造性」が求められる職種ですが、運営企画はデータを分析し、その結果から施策を導き出す「洞察力・分析力」が求められる職種です。データの分析だけを専門に行うスタッフ（アナリスト）がいることもあります。昨今のソーシャルゲームブームもあり、プランナー系の新しい仕事として、運営企画の重要性は高まっています。

ゲーム制作末期、および発売・リリース後のプランナーの仕事について紹介してきました。これらの仕事は、プロの現場でないと経験できないことも多い部分です。ただ、プロモーション関連は、既存のゲームで、どんな広告、どんな記事を出しているかを調べることができますし、運営についても現在サービスをしている課金系のオンラインゲームがどのような施策を行っているか調べることで学べることがたくさんあります。

既存のゲームは最高の教科書です。プレイして楽しみつつ、ゲームの中身のみならず、あらゆることを自分の仕事として考え、学ぶ姿勢を身に付けましょう。

まとめ

01 開発末期はバグチェック、プロモーションなど特殊な仕事が発生する。
02 プランナーは開発当初から開発終了まで、フル回転し続ける職種である。
03 運営企画は分析力を必要とする新しいプランナーの仕事である。

[*1] これらの仕事のサイクルは「Plan＝計画」「Do＝実行」「Check＝評価」「Action＝改善」の頭文字を取ってPDCAサイクルと呼ばれます。

CHAPTER 08

プランナーの就職活動

　プロのゲームプランナーになるためには、ゲーム会社にプランナーとして就職する必要があります。自作の「インディゲーム」をリリースする、海外のゲーム会社に就職してプランナーとなる例もなくはありません。ただし、どちらもかなりの少数派でしょう。
　この章では大学生や専門学校の学生向けに、新卒採用で日本のゲーム会社にゲームプランナーとして就職するための準備と就職活動について解説をしていきます。

08 01 ゲーム会社の種類

まず、就職先となる日本のゲーム会社について、大まかな情報を知っておきましょう。

ゲーム会社と聞いて、皆さんはどれくらいの会社名を言えますか？10社？20社？　日本のゲーム会社を30社言える人がいたら、かなり詳しいと言えるでしょう。正確な数を把握するのは難しいですが、日本には数百のゲーム会社があると言われています。

3つのビジネス形態

日本のゲーム制作会社はビジネスのやり方で大きく以下の3つに分類されます。

- ハードメーカー、プラットフォーマー
- パブリッシャー
- ディベロッパー

それぞれについて、以下に解説をします。

●ハードメーカー・プラットフォーマー

ハードメーカーとは、いわゆる「ゲーム機」を製造・販売している会社です。「プレイステーション」プラットフォームを展開するソニー・インタラクティブエンタテインメント、「Nintendo Switch」を展開する任天堂株式会社や「Xbox」シリーズを展開するマイクロソフトなどがそれにあたります。

プラットフォーマーはコンピューターのOS（オペレーティングシステム）を開発し、アプリの流通などを含めたプラットフォームを展開している会社です。先のハードメーカーも各ハードのOSを中心に展開するプラットフォーマーの一種と言えます、スマートフォンでiOSを展開しているApple、Androidを展開しているGoogleもプラットフォーマーです。

08-01 ゲーム会社の種類

図1 ソニー・インタラクティブエンタテインメントの「プレイステーション」シリーズは日本、欧州、北米で高い人気を誇る。

PlayStation®

　これらの会社がゲーム会社の頂点に存在しています。他のソフト会社（パブリッシャー）に自社のプラットフォームで商品展開させる権利を与え、他社が得たゲームの売上の一部をライセンス料（権利に対する使用料）として支払わせることで大きな利益を得ています。これをライセンス契約といいます。

　ソニー・インタラクティブエンタテインメントや任天堂のハードメーカーも、自社でゲームソフトを制作し販売しています。そのため、プランナーの採用は行っています。ただ、「超」がつく一流企業で人気も非常に高いため、就職には最難関の会社と言えるでしょう。

●パブリッシャー

　パブリッシャーはゲームを開発し、その製造・販売まで行う会社です。Publishとは「出版する」という意味で、もともとパブリッシャーは「出版社」という意味でした。それが転じて、ゲームソフト（パッケージ）を量産して販売、あるいはダウンロードアプリケーションのリリースまで行う会社の呼び名として使われるようになりました。

図2 ハードメーカー、パブリッシャー、ユーザーの相関図

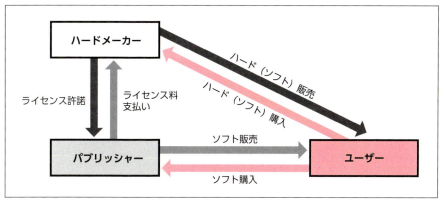

日本国内のパブリッシャーは次のような会社があります。

カプコン、ガンホー、コナミ、コロプラ、サイゲームス[*1]**、スクウェア・エニックス、セガゲームス、バンダイナムコエンターテインメント。**

おそらく知らない会社は無いくらい、有名な会社が並んでいます。

TVでCMを打つ、雑誌やWebに広告を掲載するなど、巨額の広告・宣伝費が必要だったり、商品を保管する倉庫の確保や、お店に商品を運ぶ物流を担ったり、家庭用ゲームの製造・販売にはかなりの資金が必要です。スマホアプリのリリースは、コンシューマ（家庭用）ゲームのパッケージ販売に比べ、製造、物流の必要が無いので若干難易度は低いですが、やはりヒットを狙うにはWebやTVの広告宣伝などで大きな費用が必要になってきます。

家庭用ゲームであれ、スマホゲームであれ、商品を展開する「パブリッシャー」は、それなりの体力（資金力）がある「大企業」です。そのため、毎年の新卒の採用枠も相当数になります。知名度や待遇、人気タイトルを開発してきた実績などから、当然ゲームプランナーの就職先としても人気が高く、競争率も高めになります。

図3 **日本を代表するパブリッシャー。ゲーム会社としてイメージしやすい。必ず見たことのあるロゴのはず**
※50音順

---

*1　パブリッシャーとして取り上げていますが、サイゲームスには、配信を他社が担う人気タイトルもあります。

08-01　ゲーム会社の種類

● ディベロッパー

　ディベロッパーはゲームの開発（develop）だけを行う会社です。パブリッシャーから委託される形でゲームを企画・開発し、パブリッシャーに完成したゲームを納品し、その対価を得ることでビジネスを成立させています。

　パブリッシャーは自社のコンテンツ（作品）の利益を最大化させるために、派生商品の開発をディベロッパーに依頼したり、パブリッシャーの内部チームだけで作るのは困難な規模の作品を外部ディベロッパーと共同開発したりしています。

　例えば、ファイナルファンタジーのナンバリングタイトルはスクウェア・エニックスが制作しますが、スマホで出すファイナルファンタジー系のアプリはディベロッパーが制作していたり、ナンバリングタイトルも一部作業をディベロッパーに委託したりしています。

　また、ディベロッパーがオリジナルの企画を立て、パブリッシャーに企画提案し、予算を獲得するということもよくあります。パブリッシャーから発売されている超有名タイトルを実はディベロッパーが作っていた……ということも珍しくありません。

図4　パブリッシャーとディベロッパーの相関図

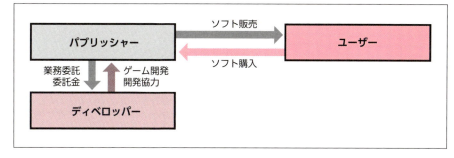

ディベロッパーの会社の規模は数名から数百名の、いわゆる「中小企業」が多いです[*2]。単純な比較はできませんが、自社のみで数本のゲームを同時開発できる大きめの会社から、自社のみでは開発せず、他社との協業でゲームを制作する社員数数名の規模の会社もあります。中にはプランナー業務のみを行うプランナー専門の会社もありますし、IT系の業務をメインとし、ゲームの仕事も行うという会社もあります。

　会社の規模、事業形態は様々ですが、技術力・企画力の高い優れた企業、また、安定した業績を上げている企業も多数あり、就職先として魅力的な会社もたくさんあります。

　ディベロッパーの数は数百社あるとも言われ、特に東京近郊ではかなりの数の会社があります。また地方にも主要都市を中心に数多くの会社が点在しています。会社の規模的に、一社一社の採用枠は大きくはありませんが、会社の数が多いので、全体として考えるとディベロッパーにかなりの採用枠があります。

　ディベロッパーの会社名が表に出てくることはほとんどありません。有名なゲームクリエイターが、パブリッシャーから独立して立ち上げたスタジオなど[*3]ごく一部の例外を除いて、ディベロッパーの会社名を知る機会はあまりないでしょう。

　ただ、会社名を知らないことには就職活動もできません。専門学校では小さなディベロッパーからも求人が来たり、会社説明会を実施してもらえたりする機会がありますが、一般の大学などではその機会はほぼ無いでしょう。ゲームクリア時のスタッフロールに目を配ったり、好きなゲームの制作会社をネットで調査したりするなどして、自分が受けたいディベロッパーを探しておきましょう。

コンシューマ（家庭用・PC）・携帯アプリ・アーケードゲーム

　プラットフォーマー、パブリッシャー、ディベロッパーというビジネスの事業区分の他に、「どのようなゲームを作っているか」も企業を選ぶ上で大事な基準になります。主要な3つの分野について、紹介します。

●コンシューマ（家庭用・PC）ゲーム

　コンシューマゲームとは「プレイステーション4」や「Nintendo Switch」などのゲーム機、WindowsなどのPCを対象としたゲームです。コンシューマ業界は、日本国内では2007年をピークに徐々に衰退していましたが、近年は「Nintendo Switch」のヒットなどで勢いを取り戻しています。

　また、ゲームをプレイするうえでPCも欠かせないプラットフォームとなっています。「PS4」、

[*2] パブリッシャーは大企業です。他業種展開などで単純な比較はできませんがコナミホールディングス株式会社は社員が連結で1万人以上います。他にもパブリッシャーは社員数1000人、2000人以上という企業がほとんどです。

[*3] 小島秀夫監督の「コジマプロダクション」、三上真司氏の「Tango Gameworks」、上田文人氏の「genDESIGN」など。

「Switch」と同時発売でPC版[*4]を発売するタイトルが増えてきており、PCゲームユーザーも増加の傾向にあります。家庭用とPCゲームの境界線は徐々に希薄なものになりつつあります。

　北米・欧州では家庭用・PCゲームの人気は衰退することなくゲームユーザーの多くはコンシューマゲームをメインに遊んでいます。日本のゲームメーカーの多くはスマートフォンのブーム時に、事業の軸をスマートフォンに移しましたが、海外でも売れるコンテンツを作り続けたゲーム会社は確実にコンシューマの部門で売り上げを立ててきました。

　コンシューマでクオリティの高いゲームを作るには、技術力を維持、向上させ続ける必要があります。業界としては苦しい時期もありましたが、その苦難の時代を生き残った会社は技術力と経営力が安定しており、魅力的な企業が多いです。

　ただし、コンシューマをメインとした企業は一時期より減少しています。スマートフォンアプリの企業より応募の枠は少なく、かつ、「ゲームはやっぱりハイエンドで作りたい」という根っからのゲーム好きが集まるため、就職の競争率は高めになっています。

●携帯アプリ（スマートフォンゲーム）

　2012年に「パズル＆ドラゴンズ」がリリースされて以降、日本国内でのスマートフォンゲームの躍進は目覚ましいものがあります。執筆時点ではスマートフォンの普及が一段落し、売上高の伸びは横ばいに近くなってきましたが、まだまだ当面は日本ゲーム業界の収益の一番の柱であることは間違いありません。

　大手パブリッシャーは携帯アプリをメイン事業としている会社が多くなってきています[*5]。ディベロッパーもスマートフォンを主戦場にしている企業が大半です。当然、近年では採用枠もスマートフォンアプリ系が大きくなってきています。

　こういったスマートフォンアプリの中でも人気を誇るのが買い切りではないアイテム課金型のアプリです。こういったアプリを展開している会社は、新作ゲーム開発だけでなく、既存ゲームのサービスを継続させるための運営業務も大きなパーセンテージを占めることになります。就職先としてスマホアプリ系の企業を選ぶ場合は「作る」だけでなく、「運営」についても興味を持つことが必須となってきます。

●アーケードゲーム

　アーケードゲームとはゲームセンターやアミューズメント施設の業務用のゲームのことです。ショッピングセンターなどのアミューズメントエリアにある子供向けのゲームもアーケードゲームにあたります。アーケードゲームを作る会社は、基本的には「筐体（きょうたい）」と呼ばれるゲーム機器と、その筐体で遊ぶソフトウェアの基盤を販売することでビジネスを成立させています。遊んだ後にカードがもらえるような子供向けのコレクション系のゲームでは、ゲームで遊

[*4] PC版のゲームを販売するストアとしてSteamが人気を集めています。STEAMというロゴをテレビCMなどで見た人も少なくないでしょう。https://store.steampowered.com/?l=japanese
[*5] メイン事業ではありませんがプラットフォーマーの任天堂もスマートフォンアプリ事業を展開しています。

ばせつつカード類を販売するというビジネスをしている場合もあります。

　アーケードゲーム業界の市場規模（企業側の売上）は、コンシューマ向けゲームソフトの売上とほぼ同等です。ゲームセンターの運営は、家庭用ゲーム、スマートフォンゲームの人気に押され、店舗数が減少していくなど、やや苦戦気味ですが、ゲーム業界の中で一定の存在感を放ち続けています。

　アーケードゲームには、その「場」に行かないと楽しめないという強みを生かした商品企画が必要です。大型筐体や専用筐体が必要なゲーム、カードなど現物がもらえるゲーム、ぬいぐるみなどがもらえるUFOキャッチャーに代表されるプライズもの、カードシールが手に入るプリクラなど、どれもアミューズメント施設に行かないと体験できないものです。近年ではVRシステムを使ったゲームなども、特殊な設備が必要な遊びとしてアーケードゲーム業界で注目されています。

　アーケードゲーム業界は、「筐体」から考えてゲームをデザインできるという点で、プランナーにとっては独特の魅力を持つ業界と言えます。やや苦戦気味の業界ではありますが、魅力を感じるのであればチャレンジしてみる価値は十分にあると思います。

　コンシューマ、携帯アプリ、アーケード、それぞれの事業内容や、ゲームの特色を良く理解したうえで、自分が何をやりたいのかをよく考え、アタックする企業を検討する必要があるでしょう。

　ただ、世の中に出ている既存のゲームを見て「あのゲームが好きだから、あんなゲームを作りたいなぁ」という現状維持な考え方ではゲーム業界の発展に繋がる人材にはなれません。

　常に一歩先を考え、「今、こういうゲームを出せばウケるはず！」「あのゲームはもっとこうすればより良くなる！」など、前向きで業界に変化をもたらす考え方がプランナーには必要です。「より良い商品を企画して、自分が業界を変えるんだ！」というメンタリティの持ち主であれば、コンシューマ、携帯アプリ、アーケード、どの業界でも歓迎されます。

　就職活動では、広い視野で「ゲーム業界」にチャレンジするという意識でいると選択の幅が広がり、成功に近づくことができるでしょう。

まずは「業界」への就職を果たそう！

　ゲームプランナーになるためには、この章で紹介したような「ゲーム会社」に入社する必要があります。

　もちろん、「自分の好きなゲームを制作・販売している会社」が第一志望になると思いますが、多くの場合そういった会社は人気があり、競争率も激しいものです。また、入社できる・できないは実力だけでなく、タイミングや運も大きく左右します。第一志望の会社へのこだわりを大事にするのもよいのですが、幅広く「ゲーム業界」を目指すという意識が大事になります。

ゲーム業界は転職が多い業界でもあります。新卒での就職時は小さなディベロッパーからキャリアをスタートし、その後、転職を繰り返して徐々に大きな会社にステップアップ、最終的に憧れの会社に転職するという人もいます。また転職をするつもりで入った会社でも、仕事を始めてみると楽しくなり、同じ会社に勤め続けるという例もたくさんあります。

逆に他の業界から、ゲーム制作者、特にプランナーに転職する例はかなり少ないのが実情です。他の業界に就職した途端、ゲーム会社の門は狭く険しいものになります。

ゲームプランナーを目指すなら小さいディベロッパーでもよいので、とにかく新卒時の就職で、ゲーム業界に入っておくことが極めて重要です。その後の頑張りでステップアップは可能なので、「まずはゲーム業界に入る！」を合言葉に広く就職活動を行いましょう。

まとめ

01 プロのゲームプランナーになるにはゲーム会社に就職する必要がある。

02 ゲーム会社には、ハードメーカー、パブリッシャー、ディベロッパー、運営専門会社などがある。

03 携帯アプリ、コンシューマ、アーケード……、どの業界であっても「良い変革をもたらす！」というメンタリティがプランナーには必要だ。

04 中途採用でゲーム業界に転職するのは難しい。とにかく「新卒」でゲーム業界に入ることを目指そう。

08 02 就職活動の作品

　ゲーム会社への就職活動には他業種にはない大きな特徴があります。それは「作品」を求められるということです。一般的な企業では、履歴書と志望動機などを書いたエントリーシートを求められますが、ゲーム会社ではそれに加えてそれぞれの職種の力量を見るために作品を求められます。

　作品は応募する職種によって違います。細かな違いはありますが、各社が求める作品は概ね以下のようなものです。

プログラマーに求められる作品：
- ゲームやアプリケーションなど自身がプログラムした作品
- そのソースコード

CG、サウンドデザイナーに求められる作品：
- 本人が作成した作品をまとめた「ポートフォリオ（作品集）」

　プログラマー、デザイナーは、それぞれ専門的なスキルが求められる職種であり、その能力を問う作品の提出が必須となっています。
　では、プランナーはどのような作品を求められるのでしょうか？
　多くのゲーム会社では「企画書」をプランナーの作品として求められます。
　会社によっては、企画書ではなく、「なんでもよいので『自分』を表現する作品」、「これまでプレイしてきた『ゲームの履歴書』」など、少し変わったお題の作品を提出するように求めるところもあります。また、ゲームに関わる自己PRの作文をさせる企業などもあります。これらは企画書の書き方を授業で教わる専門学校生と、企画書を書いたことの無い一般的な大学生を平等に審査する意図があるものと思われます。
　多くのゲーム会社の採用担当者が「プランナーの選考が一番難しい」と言います。必要なスキルが明確なプログラマーやデザイナーと違い、プランナーには「これができないといけない」という絶対的な指標はありません。採用の担当者は、企画書、それに準ずる作品を通して、プランナーの素養を以下のような様々な視点でチェックします。

- 企画力・発想力
- 伝える能力
- 論理的思考力・説得力
- 国語力
- 書類作成能力
- ゲームに関する知識力
- プラスαの能力
- ゲームに対する情熱

それぞれを簡単に解説していきます。

企画力・発想力・ゲームの構成力

　企画書の場合は、当然、そこに書かれているゲームのコンセプトと内容も評価の対象になります。どこにでもありそうな企画だと、やはり評価は低くなります。第4章を参考に、オリジナリティのあるアイデアを企画にまとめたいところです。

　また、企画の内容は当然ですが、受ける会社にアピールするものが望ましいです。スマートフォンのゲームしか作らないことをポリシーにしている会社にPS4のゲームの企画を出しても「ウチの会社のことを理解しているのか？」と思われてしまいます。

伝える能力

　企画書ももちろんですが、プランナーに課せられる作品は「何かを伝える」作品の場合がほとんどです。その伝えたいことがシッカリと伝わるかどうかは最低限の能力として見られています。

- 大きな情報から細かい情報へ……伝える順番を整える能力
- 必要最低限の情報にとどめ簡潔な文章にまとめる能力
- 絵や図を添えてビジュアルで伝える能力

　これらはプランナーとして必要最低限の能力です。「05-04 分かりやすく伝えるために」などを参考にシッカリと「伝わる」書類を作りましょう。

論理的思考力・説得力

プログラムで作成するゲームの仕様を作成するのに論理的な思考力は欠かせません。企画書などの作品で何かを説明する時にも、理路整然とした説明が求められます。論理が飛躍していたり、破たんしていて説得力の無い説明になっているとマイナスポイントになってしまいます。

特にゲームの企画は順を追って論理的に説明しないと理解できない場合が多いので、説明の構成はよく検討する必要があります。

国語力

「伝える能力」とも重なりますが、正しい日本語を書けることは重要です。主語が抜けていたり、文末が「です」と「だ」が混在していたり、誤字脱字だらけだったり、いつまでも句点が出てこない超長文だったり……。決してうまい文章を書ける必要はありませんが、正しく読みやすい日本語で書くように心がけましょう。プランナーは「言葉」が商売道具です。言葉には常に気をつけておく必要があります。

書類作成能力

決して必須ではありませんが、書類を綺麗に作る能力も見られています。レイアウトが整っていて、フォントにまで気が配られていて、背景やポイントにイラストが置かれているなどグラフィカルにまとまった書類の方が好印象なのは間違いありません。「05-10 企画書に書く項目⑥ 遊び方、詳細説明」などを参考に、綺麗な企画書を作ることを心がけましょう。また、企画書をまとめるときに、似た印象のゲームのホームページを参考にすると参考になります。

ゲームに関する知識

ゲーム会社ですから、当然、ゲームに対する知識には注目しています。企画書に書かれているネタが、既存のゲームそのままだったりすると「勉強が足りない」ということになります。また、ヒットの根拠となる市場の分析が甘くてもやはり勉強不足と思われるでしょう。

企業によっては、エントリーシートに、これまでにプレイしてきたゲームタイトルを全て書かせたり、ヒットしたゲームとその理由の分析を書かせるところもあります。

ゲームを仕事にするわけですから、ゲームやゲーム業界の知識は常に問われています。ゲームを貪欲にプレイし、ゲーム系の雑誌やサイトをチェックして常に情報に敏感でいましょう。

プラスαの能力

ゲームの企画を考えられる、企画書を書ける……以外の能力があればできるだけアピールしましょう。絵が描ける、英語が得意、習字の有段者……などであれば、企画書に盛り込むこともできるでしょう。

また、エントリーシートや履歴書に自己PRを書く欄があれば、しっかりとPRしましょう。プログラムや、ゲームエンジンの経験があれば大きなアピールポイントになります。絵や音楽の経験などもプランナーの価値を高めます。またアルバイトの経験なども、コミュニケーション能力が求められるプランナーには大きなアピールポイントになります。スポーツを一生懸命やっていた…なども気に入ってもらえる可能性があります。

プランナーはどのような能力も財産になる職種です。「こんなことアピールしてもなぁ」というようなものでも、無いよりはマシという発想でドンドンアピールしましょう。

ゲームに対する情熱

ゲームに対してどれだけの情熱を持っているかは、プランナーには特に重要な選考ポイントです。プランナーはチームをドライブする役目も担います。プランナーがやる気が無いと、チーム全体が盛り下がってしまうものです。ゲームに対して常に前向きで真摯に取り組むプランナーが現場には必要なのです。

就活選考の企画書には、自分の思いっきりの夢や思いをぶつけましょう。不思議なもので、小手先で考えた企画と、心から「やりたい」と思った企画では、企画書から伝わる熱量は違うものです。多少拙くても、熱量の伝わる企画書を書くプランナーを現場では求めています。

ゲーム会社の就職活動で求められる「作品」と、プランナーの作品でチェックされるポイントを解説しました。新卒でのゲーム会社就職のために、これらのチェックポイントについてのスキルを磨き、複数の「企画書」を作りためておきましょう。

就活に向けてオリジナルの企画書を作る場合は、受ける会社の特色に合わせて企画書を書きましょう。スマホメインの会社にはスマホゲームの企画、家庭用メインの会社には家庭用の企画を準備しましょう。労力を惜しんではいけません。

また、可能であれば、実際にゲームとして制作した作品があると、より良いです。ゲーム系の専門学校では授業でゲーム制作をする機会があり、企画書、仕様書とゲームをセットにして「作品」として出すことが可能です。

一般の大学ではなかなかその機会を持つのは難しいですが、ゲーム制作に変わるようなアピールできる経験（バイト、部活、サークル……）をたくさん積んでおくことで同等の評価を得るこ

とができます。

　ゲーム作品は、実行ファイルを送るのもアリですが、必ず動画も送りましょう。動画のファイルをDVDなどに焼いて送るのも良いですし、YouTubeなどにアップロードし、そのURLを送ってもよいでしょう。

ポートフォリオにまとめる

　作成した企画書、作成したゲーム作品、自分自身の自己紹介やアピールポイント……、これら全てを「ポートフォリオ（作品一覧）」として一つの作品にしておくと、選考する側に自分の魅力を一気に分かってもらえます。

　自己紹介は数ページを使いこれらを、写真なども駆使して、簡潔にアピールしましょう。

- 名前、年齢、生年月日
- 学校名、学部・専攻学科、学年
- アピールしたいことなんでも
  （バイト、部活、好きなもの、自慢できる経験など……）

各作品については次のあたりの情報を簡潔に1作品につき、1ページでまとめましょう。

- タイトル
- 基本情報（企画書のみなのか、ゲーム作品なのか）
- 作成時期
- （あれば）賞の受賞歴
- 画面写真（無ければ企画書で作ったロゴやゲーム画面等）
- 簡単な内容の紹介文

　これらの情報を一覧にまとめることで、あなたという人物が一気に伝わりやすくなります。たとえ応募要項で提出を求められていなくても、一緒に送付するくらいの厚かましさを持ちましょう（失礼にはあたりません）。

　複数の企画書、様々な経験、それらをまとめたポートフォリオ……、これらが就職活動の武器になります。就職活動自体、あなたという人間を余すことなく「伝える」プレゼンテーションです。プランナーになるための訓練だと思って、就職活動に取り組んでください。

まとめ

01 ゲーム会社の就職活動では「作品」を求められる。
02 多くの場合、企画書を作品として提出することになる。
03 企画書を通して、プランナーとして採用できるか様々なチェックをしている。
04 就活用の企画書は、自分のアピールの場だと思って作成すること。
05 複数の企画書、様々な経験、それらをまとめたポートフォリオ、これらが就職活動の武器になる。

COLUMN　就職活動で必要なもの

就職活動時に必要になるものを列挙しておきます。

- ●スーツ　　オーソドックスな紺の2ボタンが無難
- ●Yシャツ　色は白、襟のかたちなどクセの無いもの
- ●靴下　　　紺か黒。白やくるぶしまでみたいな短いのはダメ
- ●革靴　　　黒が無難。ストレートチップが万能
- ●作品　　　企画書、形になったゲーム、ゲーム内容をまとめた映像、ポートフォリオ
- ●作品URL　作品をDropbox等に置き、閲覧、DLできるようにしておくとよい
- ●メールアドレス　プライベートのものとは別に就活用に作っておきたい
- ●名刺　　　就活イベントなどで企業の人に配れるように準備を
  連絡先、作品のURLが書かれているとGood
  ネットで安く作ってくれる業者がある
- ●履歴書　　デジタルでOK。経歴や自己PRはコピペで可。志望動機は毎回書き換えること
- ●志望動機　企業のことをよく調べ、その会社ならではの部分に惹かれたと言えるように
  その企業の作品の「ファン」というだけでは印象が悪いので注意
- ●自己PR　　最初に結論から書き、理由と具体例を示す（PREP法）
  最後に「だから御社で…の役に立てます。」とアピールするのを忘れずに。

03 就職活動の流れ①
卒業前年度

　ゲーム会社への一般的な就職活動の流れと、それぞれのポイントを時系列に沿って見ていきましょう。本書では2020年4月就職（2019年4月時点で大学・専門学校の4年生）を対象とします。

例：2020年4月に就職する場合（2019年度卒）

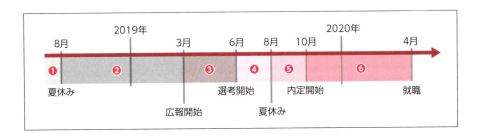

●就職協定と就活時期

　就職活動の話をする前に「就職協定」について、少し話をしておきます。就職協定とは企業間で結ばれる、新卒採用に関する協定です。本来優先される学業が妨げられないよう、学生の就職活動に関わるスケジュールを取り決めます。これにより、「広報開始（会社説明会を実施）」の時期、「選考開始（採用試験を実施）」の時期、「内定開始（採用の意思表示）」の時期などが決められます。基本的にこの協定に基づき、企業は選考活動を行い、学生もそれに合わせて就職活動を行うことになります。

　ただし、2021年春の採用からはこの協定を廃止する可能性も出てきています。就活のスケジュールに大きな影響を与えるものなので、就職協定関連のニュースは気をつけていてください。

　この本では、2020年春に就職する、2019年度のスケジュールをベースに解説をしていきます。

1 就活年度の前年・夏（卒業の1.5年前）「までの」前準備

　就職年度前年の8月（夏休み）は大手パブリッシャーを中心に短期の「インターン」が多数実施されます。ここからが「就職活動」のスタートだと思ってください。人気のある企業のインターンは競争率も高く、参加するのに選考（作品評価、面接）が行われることがほとんどです。つまり、ここまでに、ある程度の就活準備をしておく必要があるのです。

●「作品」を作りためておく
　インターンの選考にも作品を求められることがあります。また、インターンのイベント内で、現役のクリエイターからアドバイスをもらえる作品講評が行われることもあります。選考を受ける段になってから企画書を作り始めても良いものはできません。この時期までに、作品と呼べる企画書を揃えておくことが必要です。

●自己分析を進めておく
　本格的な就職活動が始まる前に、自分自身についての分析をしっかりしておきましょう。「ゲーム業界に行きたい」という漠然とした希望ではなく、「なぜゲーム業界なのか？」「ゲーム業界で何をやりたいのか？」までハッキリとさせましょう。これらは就職時に提出する「エントリーシート」で必ず書く必要があります。また、受ける企業の方向性を決める上でも、自分自身が納得のいく就職をする上でもとても重要なことです。
　また、自分自身の「強み」を理解しておくことも重要です。プランナーになるにあたって、他の人より優れている（異なっている）と思える部分を持っていると、就活を有利に進められます。絵が描ける、プログラムができるなどの「＋α」の能力なのか、強い「ゲームへの思い」なのか、コミュニケーション能力なのか……、何でも良いので、自分の「ウリ」を探しておきましょう。また、それらを「作品」で表現する（自分のイラストで企画書を作る、自分でゲームを作る、アイデアノートを1年間毎日書き続ける）、自己PRできるような具体的なエピソードにまで高める努力をしましょう。

● **就活サイトに登録をする**

この時期になると「リクナビ」「マイナビ」に代表される就活サイトがオープンします。就活サイトには様々な企業の就活・インターン情報が掲載されます。「ゲーム　インターン」などで検索すると、インターンを紹介してくれるサイトなども見つかります。会社によってはこれらのサイトからエントリーをするところもあります。就活サイトは就活の間中お世話になることになります。早めに登録し情報収集をしましょう。

● **入りたい会社を探す**

パブリッシャー、ディベロッパーを問わず、ゲーム業界、及びどのような企業があるのか企業研究を進めておきましょう。まずは自分が気になっている会社から始め、就活サイトに掲載されている会社や、発売（リリース）されたゲームリストなどから制作会社を探す……など、とにかくたくさんのゲーム会社に触れ、「気になる会社」を探しましょう。その中から、自己分析に基づいて「この会社に入りたい」という会社をリストアップしていきましょう。

● **アタックリストを作る**

受けたい会社をリスト化したものを「アタックリスト」と呼びます。就活を効率よく行うために、アタックリストは重要です。

自分が就活しようと思う企業を、最低でも10社はリストアップしましょう。大手パブリッシャーだけでなく、中小のディベロッパーまで視野を広げ、行きたい順にランク付けしましょう。各社のホームページの採用ページを見て、募集時期や応募時の提出物を把握し、いつでも確認できるようにリストに記載しましょう。

まだ、サイトに情報が出ていない場合は、直接その会社に問い合わせてもよいでしょう。「お。やる気があるな」と、名前を覚えてもらえる可能性もあります。

これらの準備は就活が始まる前に済ませておきましょう。また、作品、受けたい会社（アタックリスト）は随時更新させるようにしましょう。

2 **短期インターン実施期間**

就職年度前年の8月（夏休み）からは大手パブリッシャーを中心に1日から数日の短期インターンが多数実施されます。多くの場合、「現場のクリエイターからゲーム作りを学ぶ」などと銘打った「勉強会」の形で開催されます。

　これらのインターンはもちろん勉強会という意味合いもあり、実際に大変勉強になるものです。ですが、企業側はこのイベントを通して学生の選考を始めています。勉強会に参加する時点で、意識の高いやる気のある学生を集めることができ、さらにその中から良い学生を見つけて採用候補者としてリスト化しています。就職協定があるのでおおっぴらに採用活動ができないので、勉強会を実施し、良い学生を集め、できるだけ囲おうとしているのです。この「囲われる」メンバーになれたら、その会社の内定にかなり近づいたと言えます。

　自分が目指す企業がインターンを実施していたら、絶対応募すべきです。常に自分が行きたい企業のホームページや、就活サイトをチェックし、インターンの情報に注目するようにしましょう。人気の企業のインターンは選考があるので、必ずしも参加できるとは限りませんが、応募したことも当然記録されているので、落選したとしてもあまり気落ちせず、次のインターンを待ちましょう。

　また、自分が目指していない企業だとしても勉強の意味でできるだけ参加をしましょう。どこに縁があるか分かりません。とにかく色んな会社と接点を持つことが大事です。

　卒業の前年度の就職活動、就職活動の準備と短期インターンについて解説しました。
　意外と早い時期から活動は始まっていることに驚いた人もいるのではないでしょうか？　本書を手に取った方の中には「もう卒業年度で間に合わない……」という人もいるかもしれません。もちろん、早く動くに越したことはないですが、就職活動の本番はここからです。巻き返しは可能です。次の節からは、卒業年度の就活を見ていきます。

まとめ

01 就職活動は就職協定によってスケジュールが決まる。
02 卒業前年度の夏までに、ある程度の準備を整えよう。
03 短期インターンは勉強にもなり、就職にも繋がる可能性がある。

08 04 就職活動の流れ② 卒業年度

　就職活動本番に入る「広報開始」時期からの就活の流れを見ていきます。もちろん、前節で書いた「就活準備」は済ませておくことが理想です。

③ 広報開始時期は説明会に積極的に参加を

　就活年の春から（2019年であれば、2019年の3月1日から）[*6]、企業は就活に向けた「就職説明会」を実施できるようになります[*7]。自社の紹介、募集要項など採用活動の詳細、就職後の待遇などについて説明を行います。

　これらの説明会には積極的に参加しましょう。自分のアタックリストに上げている企業はもちろん、リストにない知らない企業であっても、時間の許す限り参加するべきです。特にディベロッパーに関しては、ホームページなどでは話せないことが多々あり（パブリッシャーとの守秘義務などで実績や情報が開示できない）、説明会に出て初めてどのような作品に携わったかが明かされ「この会社いいかも」と思うこともあります。良いと思った会社はアタックリストに加えていきましょう。受けたい会社がたくさんあることは、就活を充実させ、最終的に良い就職に結びつきます。

[*6] ここで紹介している情報解禁時期、就活開始時期などは2019年2月現在のもので、前後することがあります。このスケジュールはあくまでも目安であることを踏まえ、学校の就職サポート部門、各社の募集要項などを適宜チェックして確認しましょう。
[*7] 目安、経団連の指針にもとづくもの。

④ 選考開始

受けてみようという会社が決まったら、応募締切が近い順にエントリーしていきましょう。複数の企業を同時に受けて構いません（そういうものです）。通常、選考は以下のような順番で行われます[*8]。

1．書類審査

作品、履歴書、エントリーシートを企業に送り、書類による一次選考を受けます。前節の内容を踏まえ、受ける会社の方向性を考えた上で、本書を参考にしっかりと「自分をアピールする」作品、書類を送りましょう。

データの紛失や締切の間違いには注意しましょう。

2．筆記試験・適性検査

書類審査を通過すると、筆記試験や適性検査（SPI/能力検査・性格検査）を実施する企業が多いです。筆記試験は事前に問題集を解いて勉強、適性検査もWeb上で練習できるサイトなどがあるので事前に試しておくとよいでしょう。

筆記試験は、企業が独自に作った問題を解かせることもあります。プランナーの場合は、何かゲームのアイデアを出させたり、レベルデザインやアイテムの案を出させるなど、市場の知識や発想を問う問題が多いようです。例えば……

[*8] 面接の回数が異なったり、特殊な課題を課したりしている企業もあります。個別の事例については就活情報サイトなどを参考に独自に調査してみるといいでしょう。

「『○○○』のシリーズ最新作に取り入れる新機能の案を出せ」
「『○○○』がヒットした理由を3つ述べよ」
「最新の技術を使ったゲームのアイデアを出せ」

　これらは準備ができるものではないので、普段から業界の知識を取り入れ、考えながらゲームをプレイし、自分の意見を持つ……ということを心がけておくしかありません。

3．一次面接

　書類審査、筆記試験・適性検査を終えると一次面接です。筆記試験・適性検査と同じ日に行う企業もあるようです。一次面接は、同じ業種のマネージャークラスの先輩社員が見ることが多いです。現場で使えそうか、一緒に働けそうかを見ていると思えばよいでしょう。

　面接は無難にスーツで受けましょう。中にはウケ狙いで奇抜な恰好で受ける猛者もいるようですが、吉と出るか凶と出るかは微妙なところです。ゲーム会社でスーツの着こなしを気にする会社は無いと思いますが、とにかく「靴下は紺か黒」「リュック、スニーカーはNG」「透けるイラスト付きのTシャツを下着にするな」あたりが守られていればとりあえずOKでしょう。

　面接の鉄板と呼べる質問は次のようなものでしょう

「好きなゲームは何か？なぜ好きなのか？」
「これまでどういうことを勉強してきたか？」
「ゲームにどれくらいお金を使うか？」
「好きじゃないゲームジャンルでも仕事できるか？」
「なぜこの会社を選んだのか？この会社で何をやりたいのか？」

　こういったよくある質問については事前に回答を準備しておいてもよいでしょう。特に「なぜこの会社を選んだか？」は、第一希望で無いとなかなか答えづらいかもしれません。しかし、事前に会社についてよく研究していれば良いところは必ずあるはずなので、その部分を伝えればよいでしょう。

　その他にも様々な質問をされると思いますが、変に飾って答える必要はありません。正直に誠実に回答すればよいでしょう。お互いにゲーム好き同士なので「すごく盛り上がった」なんてこともあるようです。リラックスして楽しむくらいの方がうまく行くのかもしれません。

4．二次面接・最終面接

　一次面接をクリアすると、部長などレイヤーが高い役職の人の面接となります。一次面接と同様にゲームゲーム作りのスキルや人間性を見るのはもちろんですが[*9]、採用後の希望や待遇面の

[*9] 部長と言えども相当なゲーム好きであることがほとんどです。

確認など、現場を統括する立場としての質問もされるかもしれません。この辺りは常識の範囲内で素直な気持ちを話して良いと思います。

最終面接はほとんどの場合、社長が行います。ここまでくると縁なので、変に飾らず、素直な気持ちで受けましょう。どこかの会社で最終面接まで進めるだけの実力があれば、たとえ一社落ちたとしても、必ずどこか他の会社に受かります。

最終面接を経て、「内定（内々定）」獲得となります。

選考では、大体、このような段取りで選考されていきます。ゲーム業界は狭き門です。残念ながらどこかで落ちてしまうこともあるでしょう。あまり落ち込みすぎる必要はありませんが、「何がいけなかったのか？」だけはしっかりと反省し、次につなげるようにしましょう。

5 夏休み以降（就活の後半戦）

夏休みまでの期間で選考のピークは一段落します。大手のパブリッシャーの採用枠はこの段階でほとんど埋まってしまいます。ディベロッパーの枠もかなり埋まり始めている時期です。

この段階で内定が決まっていない場合は、受ける会社の枠を広げてください。とにかく「ゲーム業界」に入ることを目標に切り替え、多少自分の意に沿わない会社であってもどんどん受けていきましょう。前節でも書きましたが、他業種からゲーム業界に転職する例は極めて少ないです。ゲーム業界内での転職は当たり前のように行われています。とにかく業界に入ることを目指しましょう。

6 10月以降

　この時期になると、企業もその次の年度の採用の準備を本格的に始める時期です。パブリッシャーに入るのはかなり難しくなります。通年で採用をしているディベロッパーを探して受けるという時期になります。ゲーム業界を諦める必要はありませんが、ゲーム以外の業種も候補に入れるなど柔軟な就職活動に切り替える必要はあるかもしれません。

　ゲーム会社の就活を時系列に沿って解説してきました。5-7月の採用のピーク時に自分の就活のピークも持って行けるよう、しっかりと準備を進めておきましょう。

　もし、最後まで内定が取れなかった場合、就職浪人となったり他の業種への就職をしたりすることになります。その場合でもゲーム会社をあきらめられない人は、自分の時間で作品制作を継続し、中途採用での就活をすることは可能です。もちろん新卒採用より厳しい目で見られることになりますが、中途採用される可能性はもちろんあります。一人でも作品制作を継続する熱意があれば、いつかゲーム会社への就職ができるかもしれません[*10]。

　最後に掲載するインタビューを通して就職活動やゲーム会社というものを覗いてみましょう。

> **まとめ**
> **01** 就職活動は就職協定によってスケジュールが決まる。
> **02** 各時期で動き方、考え方を変えて就活しよう。
> **03** 選考は、書類選考、筆記試験・適性検査、面接で行われる。
> **04** とにかく新卒でゲーム業界に入ることを最終目標としよう。

[*10] 最新の情報や既卒向けのノウハウを記した、『ゲームプランナーを目指すすべての人に伝えたい就職事情（https://gihyo.jp/lifestyle/column/01/workstyle/2021/07/2701）』という記事を執筆しました。こちらも参考にしてください。

APPENDIX
インタビュー

インタビュー①

> **Q：** 著者。元ゲームプランナー、プロデューサー。現、専門学校教員。
>
> **A氏** 大手パブリッシャーにてプランナーとして活躍、現在はマネジメントを主に担う。採用などにもかかわる。

Q： Aさんは採用にも一部携わっています。選考の課題はどのようなものでしょうか？どういうところを意識していますか？

A： 具体的には言えませんね（笑）。気をつけているのは、「短時間で選考ができる課題にする」ということです。多数の応募がくるので、選考にかけられる時間には限界があります。その点に気づいたかどうかがはかれて、かつ的確な回答ができるかみられる、そういう課題を心がけています。

Q： 課題の内容は何か具体的な「問題」を提示するのでしょうか？

A： あんまりカッチリと答えがある「問題」は出さないですね。知識ではなくゼロからの発想を見たい。

Q： 課題自体は本当にざっくりとした状態なんですね？

A： イメージとして「企画書書きなさい。以上。ただし、これとこれの項目は入れといてね」みたいな感じですかね。入れてもらう項目は例えば「ターゲット」だったり、ラフなものです。そこにこの人はどういう考察をしたのかを見ます。

Q： やっぱり企画書での選考を採用していますね。選考するときに大事にするのは、「遊び」の面ですか？「ビジネス」の面ですか？

A：「遊び」ですね。広い意味でのユーザー体験。

「ビジネス」の方は入社してから育つので、選考段階では求めません。プランナー志望の方に求めるのは、ある程度のテーマや方向性が決まった時にどういう発想をするのか。実際の現場でも、市場の動向などからある種の課題が決まります。その中で面白いものを出す力、発想があるかを重視しています。

Q： 選考に当たって専門学校で企画書の書き方を勉強していた人と、大学生で企画書の勉強をしてない人とで差はありますか？

A： プランナーの勉強をしていた人の企画書はフォーマットに沿って書かれているので、すぐに分かります。フォーマットがあるとそれだけでいい企画に見えますが、結局は中身が無いとダメ。フォーマットが整わずとも面白さや情熱はわかります。

そういう意味では大学生と専門学校生の前提知識による差は無いですね。

Q： 本書では企画書のフォーマットにページを割きました。伝え方を身に着けておくのは有用だという視点からです。ただ、ご指摘の通りフォーマットの通りに埋めただけでは絶対ダメ。ちゃんと面白いのが大前提ですよね。

A： 面白さがどれだけ早く伝わるかが重要。そういう場面では「絵」が重要になる。企画

書って紙芝居に近いと思っていて、極端に言うと、文字は少なければ少ないほど得点は高いです。

Q： どうすれば、面白いものをつくる能力が養えるんでしょう？

A： たくさん遊んで、友達を遊びに巻き込むようなことをいっぱいやれば力がつきます。「鬼ごっこやろうぜ」「え？ただの鬼ごっこじゃつまんないから、高いところ登ったら安全地帯ってことにしようぜー」「わー、面白そう、やろうやろう！」みたいな遊びをつくって周りを引き込む。そういうのひたすらやった人は強い。

巻き込むためには、わくわくドキドキ感を伝えることと、簡潔にルールを説明できること、実際に何回も遊んでルールを洗練することが必要です。この三つが繰り返されて、遊びを考えること、人を巻き込むことに慣れていきますよね。そういった洗練の極致が企画書になれば、それはもう楽しい。

Q： 友達を巻き込む力が企画書にも活きてくるということですね。

A： 提出する側の視点で、企画書が大変なのは相手の顔を見れないことです。友達を巻き込むなら、表情を見ながら説明できる。でも、提出するだけの企画書ってアドリブがきかない。書類だけの一発勝負。

Q： 伝わりやすい書類が大事ということですね。

A：「わからない」って言われたらおしまい。わからないと言われると、その部分をどんどん書き足しちゃう人がいる。そうじゃなくて、わからなかったらゼロからやり直しなんですよね。そこで文字数足して余計な情報を付け足してもわからないものはわからない。最初からわかりやすくガツンと伝えないといけない。だから絵が強いんです。

あとは順番ですね。企画書を読んで「ここがわかんないけど、どういう考え？」って言うと、「いやここに書いてあるんです」ってぺろぺろって後ろの方のページをめくり出すことがある。大事なポイントは前に書かないといけないというような、順番のアドバイスをすることが多いんです。

Q： フォーマットの話に繋がりますけど、コンセプトみたいな大事な情報を最初に伝えて、だんだん細かい話になっていかないと伝わらない…順番は大事ですよね。

A： 心をつかむものが最初にあるというのが大事だと思います。例えば発想の起源となる経験談が面白いんだったら、その話から入ってもいいと思います。ゲームルールが面白いのなら、そのゲームルールのわくわくドキドキ感みたいなものを最初にバンッと「これだから面白い！」みたいなことを書いちゃって、「なになに!?」って思わせてから説明を書いていくとか。最初に心をつかんじゃう。

Q： 具体的な経験談からコンセプトに入るというのは面白いですね。ゲームの勉強は全くしてない大学生からも採用はされていますか？

A：もちろん大学生も採用しています。企画書の体裁ではなく、率直にわくわくドキドキするか、発想が素晴らしいかを見ています。

　発想と企画力は分けて評価していますね。

Q：発想と企画力の違いを教えてください。

A：発想っていうのは奇想天外なアイデアを出せるか。企画力っていうのは、まとめる力という感じですね。企画力はわくわくドキドキさせるのが上手いか。発想が陳腐なものでも、見せ方がうまいとドキドキする。演出なんかも含めてゲームとしてまとめあげる力としての企画力ですね。

Q：アイデアの発想力とまとめ上げる企画力、どちらをより重視しますか？

A：ゲームとしてまとめ上げる企画力の方は仕事しながら身に付けることができます。逆に発想力を身に付けさせる…というのは本当に難しいので、それを持っている人の方をより重視しています。ただ、手堅くゲームをまとめられる人も現場で重宝されます。

　企画力には、「伝える力」も含まれます。伝える力と、まとめる力、これ両方セット。伝える力がないとまとめられないし、まとめる力がないと伝わらない。まとめる、伝えるは経験と勉強で身につきますね。

Q：でも、伝えることが無いと、伝える力があっても仕方ないですよね。

A：そうなんです。企画ではいらないものを省いてってもいいとよく言うんですけど、いらないことを省くとゼロになる企画書ってたくさんある。

Q：この本でも、「コンセプトを伝えろ。企画書にはコンセプトと関係ないことは書くな」と書きました。企画書に細かい敵のパラメータとか、コンセプトとは関係ない細かい仕様を書きはじめる人、結構多いですよね。

A：枝葉と幹ですよね。幹を設定しないで枝葉だけ書く人が結構多い。それは企画書ではないですね。学生の中にも企画書で仕様の羅列とストーリーを語りだすんです。「で、ゲームの中身は？」と聞くと「これから考えます」みたいなことが本当に多いです。

Q：企画書が面白ければゲームも最終的に面白くなる、企画書がダメなら面白くならないというのはありまよね。

A：考えてるゲームが面白い場合、企画書はまとまる。その軸を書くだけだから。面白さの軸がないから企画書がつまんなくなるんですよね。

　実際にプロトタイプみたいなものを簡単に作って、で、面白さを確認してから企画をまとめると完成度が高いです。

Q：この本でも、企画時に紙や脳内でプレイを考えてみる…ということをすすめています。専門学校だとプランナーにもプログラムのイロハは教えます。やる気のある学生はUnityでプロトタイプ作ったりしますね。

A：やる気は大事ですね。プランナーはネガティブに言ってしまうと、「プログラムできない、絵も描けない、じゃあどうする」っていう窮地の状態からのスタートなんです。そこで立ち上がれる人であるべきで、消極的な態度では成り立たない仕事なんです。

　例えば、プログラムの人、デザインの人、プランナーの人がいて三人で集まってモノづくりをするとします。プログラマーやデザイナーの提案が素晴らしいので乗っかって、自分のアイデアはないけど、仕方ないからとりあえずまとめ役をやる……というプランナーが結構います。それではダメ。

Q：経験上、最初のアイデアは誰が出してもいいと思っています。ただ、プランナーは、その軸をちゃんと理解して、自分のものとして咀嚼して、アイデア出した本人以上に情熱をもってゲームにまとめ上げられないといけない。

A：これは全プランナーに向けての話でもあるんですけど、枝葉を考えるのは誰でもいい。でも幹はプランナーが持ってないとねってことですね。自分が発案者じゃなかったとしても、これが面白いって自信をもって言える人じゃないと、そこにプランナーとしている意味がない。それがないと下働きみたいな感じになってしまう。

Q：プランナーにリーダーシップは必須だと思われますか？

A：リーダーシップで旗を振るタイプと、考える内容・提案する内容で示すタイプの2種類あると思います。
企画の内容が面白くて周りがついてくるような感じだったら、口数が少ないとか、あんまりリーダーっぽいタイプじゃなくても活躍できますよね。ただ、どちらにしてもちゃんと説明できる力は必要です。

Q：若手プランナーの育成について教えてください。

A：プランナーって「スキル」っていうよりも感覚的な、洞察力とか発想力とか「なんとか力」っていうのがやっぱり大事です。あとマメさとか、そういうところ。技術的なスキルじゃない。そういう意味ではなかなか「育てにくい」職種。

Q：この業界で伸びる新人というのはどんな人なんでしょうか？

A：論理的に物事を考えられる人ですね。プロのクリエイターとアマチュアのクリエイターの違いは、アマチュアのクリエイターは「自分が考えたこれを見ろ！」って作品を出して、それについてくるファンがいるかいないか…という感じ。プロのクリエイターは、必ずターゲットとなる相手がいて、その相手が求めるものは何かっていうのを考えられる人。ターゲットを洞察して、考えて、形にまとめる。プレイする人のことを一番に考えて、ロジカルに形に落としていける人が伸びます。

　論理的に考えるということは大事にしてほしいですね。企画書でもロジカルじゃないと筋が通らない。残念ながら学生さんの企画

書って七割ぐらいが筋が通ってない。短い企画書の中で、言ってることがページをまたぐともう矛盾していたりする。できる人は、そういうところがしっかりしてますね。

Q：就職後の話も聞かせてください。実際の現場ではプランナーはどんな仕事をしますか？

A：プランナーは、ひたすら企画だけを考えてるってことではないです。何らかのデータ作成とか雑多な作業をやっていることの方が多い。その普段の業務の合間で企画は練ろうねって感じですね。

企画とか発想の部分って、机に向かっててできるものじゃない。なにかの切っ掛けでアイデアをキャッチして、温めておいて、頭の中でまとまってきたら企画書にするんです。業務時間でアイデアを考えろ…ということは実はあまりないです。

ビジネス的なタイミングで企画を求められたときに、普段から頭の中で考えた企画ネタ、何個も何十個も何百個も考えたものからスッて出せるかどうかっていうのが勝負です。

Q：考えろって言われてから考え出しちゃダメなんですね。

A：普段から考えていても、ネタがうまくまとまることってあまり無い。そういう時は、「ここが上手くまとまんないな……、よし、保留！」っていって一旦しまっとく。そうすると、そのしまっておいたものが何か新しい技術だったり何かのひらめきだったりで、問題だったとこが解決しちゃう瞬間があったりするんです。そしたらまた解決した部分に上乗せしてモリモリ考えていって、あ、やっぱここが引っ掛かるなーってまたしまっておいて、みたいなそういう繰り返しでいくつもの企画を並行して温めてる感じです。

Q：プランナーとして長く活躍するためには何が必要でしょう？

A：波乗り感ですね。サーフボードで荒波（変化）を乗り越えるようなものです。やっぱり第一線でやるには、新しい波に乗らなきゃいけないときがある。コンシューマーからモバイルの時代になったのが好例です。コンシューマーのなかでも２Ｄから３Ｄへの変化など、多くの技術進化やプレイスタイルの変化の波がありました。

全然違う波が突然やってくる。自分はそれを何とか乗り越えてきたから今があると思っています。

学生さんにも、コンシューマーのゲームで育った、それを作りたくてしょうがない人たちがいます。コンシューマーが悪いとは言いませんが、そこだけに固執したら沈んでしまいますよね。

Q：流行の変化を楽しめる柔軟さは欲しいですよね。最後にゲームプランナーを目指す人にアドバイスをお願いします。

A：遊びに対する感受性を磨きましょう。多くの人がゲームの延長でモノを考えちゃいます。そうじゃなくて生身の自分が感じた、感情が動いたのと同じ体験を人に提供するようなことをやって欲しい。

インタビュー

　若い人が、ゲーム、映画、テレビみたいなエンタメの仕事したいと言いますが、エンタメとは人の感情を動かすものです。心を動かすことがプランナーの仕事です。ゲームにとどまらない、人の心を動かすような実験をいっぱいやってほしい。

Q：ゲームではないエンタメに関わる何かに突き抜けてほしいという感覚があります。趣味のイベントに多数参加してる、映画を年間300本観てるとかでもいいです。

A：そうですね、好きで好きでたまらないものを自慢できるようにしておいて欲しい。
　結局、プランナーって新しいものを作らないといけない。ゲームばっかりやっているとゲームから抜けられない。だからゲームの外の「これゲームになるんじゃないか」っていうものをたくさん知っておくといい。ある日ほんとにそれがゲームとくっついて、新しいものになるっていう可能性がある。
　ゲームになってない、まだなってなさそうなものを求めて日々を過ごしてほしいですね。

インタビュー②

> ゲーム会社の若手プランナー3名（❹さん、❸さん、❻さん）に就職活動の話を中心に話を聞いてみました。プランナーを目指す方々にも役立つ話が満載です。

Q（著者）：皆さん、今日はよろしくお願いします。まずは現在どのようなお仕事をされているかを教えてください。

❹：僕はS社（大手パブリッシャー）でスマートフォンタイトルのデータ分析の仕事をしています。

サーバーからKPIデータ（著者注：一般的にはダウンロード数、日間アクティブユーザー数、課金額、イベント達成率……等の主要データ）を取得して、運営方針などをチームで検討しています。

Q：Aさんはいわゆる「運営プランナー」ですね。日々のKPIを分析して、イベント内容などを考える最近重要度が増してきている仕事ですね。

❸：私はM社（中堅パブリッシャー）で、アクションゲームの「マップ設計」の仕事をしています。プレイヤーにどう遊んでもらうかのコンセプトを考えて、マップのラフモデルを作って実際に遊んで検証して、ディレクターの確認が取れたらグラフィックデザイナーに同じ形状でかっこよく仕上げてもらいます。

今は少し落ち着いていますが、最初のころは作成したステージを、週に2回、ディレクターにプレゼンしていました。プレゼンのペースが早いのとチェックが厳しくて胃が痛かったです（笑）。

Q：Bさんは、まさにレベルデザインの仕事ですね。ステージを作るだけでも色んな人と関わって仕事をされている。若手としてはかなり重要な仕事を任されているようですね。

❻：僕はF社（中堅ディベロッパー）所属です。入社してすぐは研修をして、しばらくはデバッグを担当していました。今はプロジェクトに配属されて、関連タイトルや他社タイトルをプレイして研究しながら、アイデア出しをしています。まだ研修に近いですね。

Q：皆さんはどれくらいの規模のプロジェクト（ライン）、に配属されていますか？

❹：30人ぐらいですね。その中でデータ分析の仕事をしているのは先輩プランナーと僕の2名です。

❸：現在のラインは2〜30人です。他のラインが忙しくなると手伝いに出たりでちょこちょこ変動しています。

❻：他社との共同作品なので、合わせるとスタッフは100人以上いますね。

それだけたくさんいるから、新人の僕は実務ではなく研修をさせてもらえてるのかな……と思います。

Q：現在、仕事をしていて、学生時代やっておいてよかったと思うことを教えてください。

A：僕は運営やデータ分析の仕事をしているので、学生時代Excelの関数を勉強していたのはプラスです。Excelの関数バシバシ使うので。あとアルバイト経験も活きてますね。飲食店で売上目標を立ててそれを追ったとか、そういう経験は運営の仕事と似ているなと思います。

B：私はゲーム系の専門学校卒なんですけど、色々なツールを使ったことがあるっていう経験はよかったと思いますUnity、3Dモデリング、2Dグラフィックツールなど。企画書とか仕様書で説明しやすいようにたくさん図や絵を作ってきたので、そういったスキルは現場でも役にたっていますね。

C：僕もゲーム系の専門卒なんですけど、人との関わり方というのは、専門学校でのチーム制作の授業で強化できたかなと思います。人って仲良くなることで、「この人だからやってあげよう」って思ってもらえるところがあるはずで、そのためにみんなで遊びに行ったりとか提案したんです。仲良くなると実はクオリティや制作のスピードにも繋がる。そういうところを学生時代に強化することができましたし、今の職場でも同期の中で先輩と一番コミュニケーションは取れてると思います。

Q：就職活動ではどうですか？ 専門学校で学んだことが役に立ったことはありますか？

B：専門学校で自分が制作したゲームについて聞かれることも多かったので、その点では役立ちました。専門学校のおかげで、ほんとにエントリーシートが書きやすかったんです。チーム制作で作った作品がわかりやすい実績になる。ゲームのスクリーンショットや、仕様書の一部を画像にして貼って自分の実績をアピールする書類はかなり作りやすかった。大学生の場合だと同等のものを作るのはかなり大変なはずです。専門学校は必然的にそういうところは出来上がりますよね。

C：さっきのコミュニケーションの話は面接で自己アピールとしてよく話をしましたね。あと、専門学校時の授業で作った企画書をそのまま面接で出したので、まるまる役立ちましたね。実際に制作していい作品になったゲームの企画書で、自信もって説明できたし。そういった武器を持てるのは専門学校の良さだとは思います。

Q：採用する側にとって、ゲーム系専門学校生というのはゲームという尺度がある分、選びやすいというのはあるかもしれませんね。大学生だと、ゲームの成果物はないから、ゼミでの研究とか部活とかバイトとかを工夫してアピールする必要があります。
　学生時代にもっと勉強しておけばよかったことはありますか？

A：Excelはプランナーには重要ですね。データ分析の視点では同じくSQLも重要で、もっと学んでおけばよかったです。

B：ゲームニュースのチェックを習慣化しておくべきだったかなとは思います。最近のトレンドとか、注目作の売上とか評価みたいなのを毎週一回は全部チェックするとかは

やっておくべきだったかなと。

Q： ゲーム会社の就職活動について具体的に聞かせてください。作品提出、筆記試験、面接が一般的なゲーム会社の採用の流れだと思います。どの会社もそうでしたか？

A： 私はS社の入社は短期インターンがきっかけだったので、ちょっと流れが違うところもあるんですけど、普通に受けた会社はそういう流れでしたね。

B： M社は、エントリー時の提出書類は、企画書じゃなくて、なんでもいいから自分が好きなものを紹介して自己PRするような書類でしたね。筆記試験はよくある適性検査の他に、マップのアイデアを考えるレベルデザインの試験がありました。そのあとは面接2〜3回。

Q： レベルデザインの試験！すごく実践的な試験ですね。他に受けた会社はどうでしたか？

B： E社（大手パブリッシャー）は、最初に企画書とエントリーシートでの書類審査があって、そのあとはいきなり面接でした。

C： F社は最初に書類選考でした。企画書と授業で書いたシナリオを出しました。その後、筆記試験で普通の適性検査と作文。その後、面接が3回ありました。

Q： シナリオを出したというのはいいですね。指定されたものだけではなくてアピールでき

るものは何でも見せる！という勢いは大事です。

C： S社も、エントリーシートと企画書→適性検査→面接数回でしたね。
あと、ほかに長期インターン先で採用前提の面接を行いました。

Q： インターンがきっかけで決まるケースは多いですね。インターンも2種類あって、「勉強会」みたいな1日とか数日の「短期インターン」と、数カ月という単位で企業に通って課題に取り組んだり、実際の業務を経験したりする「長期インターン」があります。

A： 僕も学生時代に短期インターンに何度か行きました。実際、そこで企業の方に覚えていただいて採用につながっているという部分はありますね。

B： 私はインターンには参加しませんでした。

C： 僕は勉強会形式のイベントの参加経験もありますが、長期のインターンをいくつか経験しました。

Q： Cさんのように長期インターンを複数経験しているケースは珍しいですね。

C： 就職した先輩がインターン経由で採用を勝ち取ったことを知っていたので、早いうちに積極的なインターン参加を考えていました。長期インターンは企業側も学生側もお互いの理解が深まるので、納得して就職・採用

インタビュー

ができるのかなと思いますね。

Q：就活中、面接で印象に残ったものを教えてください。

A：うまくいかないことが多くて忘れたかったのか、あまり覚えていません（笑）。「何が好き？」というような質問は就活中多かったように思います。全体的に結構雑談に近かった気がしますね。

B：面接では向こうからの質問に「うまく返せるか」をみられていたと思います。
　例えば「好きなゲームは何？」って言われたときに、「ゼルダの伝説 ブレス・オブ・ザ・ワイルド」の話をして、オープンワールドのこういうところがいいと意見を言うと「それ他のオープンワールドゲームでも同じだよね？ゼルダが好きな理由にならなくない？」とツッコミを入れられる。そういうちょっと意地悪なツッコミにどう返すか。何も返せなければ考えが浅いし、かといって自分の主張を押し通すだけでもダメ。
　自分の考えに芯を持ちつつも、否定された部分を受け入れられる柔軟性を持っているかを見られていたのかなと思います。

C：「別の職業につくとしたら、何がいい？」という質問をされたのは印象的でした。「料理人」と答えたんですけど、何かを作って人を喜ばせるという点でゲームプランナーと似ているかもしれない……と関連付けて回答しましたね。
　あと、「何が好き？」という質問に対して、「ロボットが好きです」「声優が好きです」とか答えると、面接官の方が掘り下げて聞いてくれるという面接は楽しくて盛り上がりました。

Q：その人の趣味嗜好を掘り下げていって、こいつどんなやつなんだってとこを見ているんでしょうね。
　皆さん、最終的には何社ぐらい受けられたんですか？

A：3社です。

B：4社ですね。

C：同じく4社です。

Q：少ない！皆さん優秀だから、行きたい会社の内定を早めにゲットできたんでしょうね。読者の人に誤解があるといけないんで言いますけど、普通に20社くらい受けるのが当たり前です。
　皆さん、受ける企業はどうやって決めましたか？　自分が好きなソフトを出してるからとか、そういう基準なんでしょうか？

B：僕は完全にそうですね。好きなタイトルがあるからです。

C：社風というか、実際にお会いした人の人柄で選びました。

A：それぞれの会社に理由はありますが、縁のようなところもあります。インターンで社員の方と仲良くなって、そこから応募したところもあります。他にもいくつかの企業が

集まるゲーム関連イベントに参加して、そこで現場の方からいろいろお話を聞けたり、アドバイスしてあげるからとメールアドレスを教えていただいたこともありました。

Q：それも特殊な例ですね。普通そんなに仲良くなれない。自分から話しかけたんですか？

A：自分から話しかけましたね。ゲームとか企画の話をいろいろして。

Q：それはすごい。そういう積極的な行動や人懐っこさは特にプランナーには大きな武器です。そういうところを買われたんでしょうね。
最後にゲーム業界を目指す人にアドバイスをお願いします。

A：アルバイトは是非やってほしいなと思います。社会性を磨くことは、プランナーの仕事には必ずプラスに働きます。周りの人を見ても学生時代のアルバイトやボランティアの経験は仕事に活きていますし、就活時にもエピソードができるので。

B：僕の一番の原動力は、好きなゲームがあって、絶対に行きたい会社があったこと。これは就活のアドバンテージでした。とにかくゲームをいっぱい遊んで、好きなものを一個見付けて「絶対この会社に行く」っていうモチベーションを持ってほしいですね。

C：自分ができることと、できないことを理解するのが大事です。自分は企画力とか作る力は抜きんでてはいません。じゃあ、どこで勝負するかを真剣に考えて、自分のコミュニケーション能力が高いことに気が付きました。そこを意識して高めて、面接でもアピールしたらうまくいきました。できることできないことを理解した上で自分の強さをさらに強化してください。

Q：基礎を勉強しつつ、それにプラスαの自分の魅力を見せるというのが大事ということですね。今回は本当にありがとうございました！

おわりに

　学生からプロのゲームプランナーになるための道のりについて、ゲーム会社に19年間勤め、現在、専門学校で学生を指導している私なりの考えをまとめてみました。この本に書いたことは、ゲームプランナーにとって基本的で初歩的なことですが、就職を目指す学生にとっては必要十分な内容になったかと思います。

　とは言え、この本に書いてあることが身に付けばゲーム会社に必ず就職できるというものではありません。この基礎知識に加え、皆さんが各自でそれぞれの「プラスα」を身に付けることが大事です。図にすると、以下のようになります。

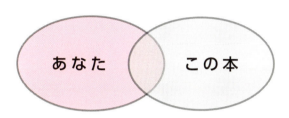

　この本の内容と、あなた自身（あなたが今まで身に付けたもの、これから身に付けるもの）が組み合わさることで、新しく魅力的なゲームプランナーの卵となれます。新しいゲームアイデアの生まれ方と同じです。この本に書かれた基礎知識を、自分で企画書を作るなどしてしっかりと身に付けつつ、あなた自身が様々な経験を積むことで、より個性的なゲームプランナーになれるのです。

　専門学校では、この本に書かれた基礎知識を学んだあと、実際にゲーム制作を経験していきます。繰り返し制作を続け、我々教員の指導を受けることで、より良い企画を出せるようになり、伝わりやすい企画書を書けるようになり、ゲーム制作に必要なツールのノウハウを身に付けることができます。そういう意味で、専門学校は実践的な「プラスα」をいくつか身に付けられる場だと言えます。もちろん、それらの「プラスα」は就職にも有利に働きます。

　では、普通の大学生は就職に不利なのかというと、そんなことはありません。それに代わる「プラスα」を身に付ければ全く問題ないのです。どの学校を出るにせよ、たくさんのゲーム、たくさんのエンタメに触れ、たくさんの人生経験を積んで「プラスα」を獲得してください。そのときにこの本も本当の意味を持ちます。

　厳しくも楽しいゲームプランナー道は始まったばかりです。是非、楽しみながら皆さんなりのゲームプランナー道を歩んで行ってください。最後までお付き合いいただき、ありがとうございました。

索引 INDEX

アルファベット他

EMS フレームワーク	88
Excel	206
PC	246
PowerPoint	143
RPG	49
α版	15 17
β版	15 18

あ

アーケードゲーム	247
アイデア	74 77 81
アクション	46
アドベンチャー	51
アナリスト的企画	72
インタラクティブ	35
上田文人	112
運営	15 20
大喜利熟考法	90
オズボーンのチェックリスト	85

か

書く	24 29
画像	144
家庭用	246
画面遷移フロー	208
考える	23 28
企画	15 16 70
企画書	70 138 184 191
クライマックス	60 119
グラフィッカー	12
携帯アプリ	247
ゲームシステム	108
ゲームジャンル	42 46 101
ゲーム性	36
ゲーム作る脳	82
ゲームの魅力	34
ゲームフロー	182
ゲームルール	105 108
コンシューマ	246
コンセプト	74 147
コンボ	63

さ

サウンド	12
事業計画	179
自分で決められる	55
シミュレーション	50
就職活動	250 256 260
シューティング	48
手段	55
仕様	198
仕様書	198 206 211
スマートフォンゲーム	247
設定	128
双方向	35

た

ターゲット	100
タイトル	132
高橋晋平	87
達成感	38　65
達成ランク	126
小さな成功体験	56
調整期間	19
挑戦	38
伝える	26
ディベロッパー	245
ディレクター	12
データ作成	235
適度な難度	57
デバッグ	15　20　238

な

中村隆之	88
能動的	53
脳内プレイ	113

は

ハードメーカー	242
発想法	85
パブリッシャー	243
バリエーション	116
パワーアップ	61　120
ビジネスプラン	179
評価	57　124
プラットフォーマー	242
プランナー	12　13
プランナー的企画	72
プリプロダクション	15　16
プレイイベント	61　120
ブレインストーミング	89
プログラマー	12
プロデューサー	12
プロデューサー的企画	71
報酬	57　126
ポートフォリオ	254
ボーナス	62　121
ボス戦	60　120

ま

目的	54

ら

ランダムワード発想法	87
ルール	→ゲームルール
レベルデザイン	234

- カバーデザイン　　仲 将晴（株式会社アドアーツ）
- DTP＆本文デザイン　BUCH⁺
- 編集　　　　　　　野田大貴

ゲームプランナー入門
アイデア・企画書・仕様書の技術から就職まで

2019年 5月 2日　初版　第1刷発行
2024年 4月 9日　初版　第5刷発行

著者　　吉冨 賢介
発行者　片岡 巌
発行所　株式会社技術評論社
　　　　東京都新宿区市谷左内町21-13
　　　　電話　03-3513-6150　販売促進部
　　　　　　　03-3513-6177　第5編集部
印刷／製本　日経印刷株式会社

定価はカバーに表示してあります。

本書の一部または全部を著作権法の定める範囲を超え、無断で複写、複製、転載、あるいはファイルに落とすことを禁じます。

©2019 吉冨賢介

造本には細心の注意を払っておりますが、万一、乱丁（ページの乱れ）や落丁（ページの抜け）がございましたら、小社販売促進部までお送りください。送料負担にてお取り替えいたします。

ISBN: 978-4-297-10512-9 C3055

Printed in Japan

■お問い合わせについて

●ご質問は、本書に記載されている内容に関するものに限定させていただきます。本書の内容と関係のない質問には一切お答えできませんので、あらかじめご了承ください。

●電話でのご質問は一切受け付けておりません。小社Webサイトから問い合わせるか、FAXまたは書面にて下記までお送りください。また、ご質問の際には、書名と該当ページ、返信先を明記してくださいますようお願いいたします。

●お送りいただいた質問には、できる限り迅速に回答できるよう努力しておりますが、お答えするまでに時間がかかる場合がございます。また、回答の期日を指定いただいた場合でも、ご希望にお応えできるとは限りませんので、あらかじめご了承ください。

■問合せ先

〒162-0846　東京都新宿区市谷左内町21-13
株式会社技術評論社　第5編集部
「ゲームプランナー入門　アイデア・企画書・仕様書の技術から就職まで」係
FAX　03-3513-6173